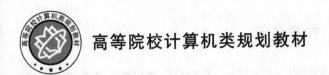 高等院校计算机类规划教材

U0161775

下一代互联网与安全

周延森 编著

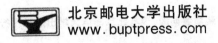

北京邮电大学出版社
www.buptpress.com

内 容 简 介

本书全面而又系统地介绍了 IPv6 的基本原理和下一代互联网的安全问题。本书分为 11 章,主要包括绪论、IPv6 地址体系结构、IPv6 的基本首部和扩展首部、ICMPv6 协议、邻居发现协议、路由选择协议、IPv6 组播技术、DNSv6、DHCPv6、IPv6 套接字网络编程以及 IPv6 网络安全等。

本书不仅可以作为本科生、研究生的教材,还可以作为计算机网络专业技术人员和通信工程技术人员的参考书。

图书在版编目(CIP)数据

下一代互联网与安全 / 周延森编著 . -- 北京 :北京邮电大学出版社,2024.1
ISBN 978-7-5635-7142-0

Ⅰ.①下… Ⅱ.①周… Ⅲ.①互联网络—网络安全 Ⅳ.①TP393.08

中国国家版本馆 CIP 数据核字(2023)第 242610 号

策划编辑:姚 顺 刘纳新 责任编辑:姚 顺 耿 欢 责任校对:张会良 封面设计:七星博纳

出版发行:北京邮电大学出版社
社 址:北京市海淀区西土城路 10 号
邮政编码:100876
发 行 部:电话:010-62282185 传真:010-62283578
E-mail:publish@bupt.edu.cn
经 销:各地新华书店
印 刷:北京虎彩文化传播有限公司
开 本:787 mm×1 092 mm 1/16
印 张:12.25
字 数:317 千字
版 次:2024 年 1 月第 1 版
印 次:2024 年 1 月第 1 次印刷

ISBN 978-7-5635-7142-0 定价:49.00 元

Internet 是全球最大的互联网，其核心协议是 TCP/IP 中的 IPv4。传统 IP，即 IPv4 定义 IP 地址的长度为 32 位二进制数，理论上有 2^{32}（约等于 4 294 967 296）个 IP 地址。在 21 世纪之前，由于 IPv4 主要在上一代互联网中广泛应用，而上一代互联网的连接终端主要是计算机系统，所以 32 位的 IP 地址是足够使用的。但进入 21 世纪后，由于移动互联网、物联网、工业互联网、智慧地球、智慧城市和智能家居的广泛应用，人均所需的 IP 地址数量至少为几十个甚至上百个，因此当前 IPv4 地址数量已不能满足人们的需求。自 20 世纪 90 年代初 IPv6 的概念被提出之后，在不到 30 年的时间里，无论在理论上还是在实际应用中，IPv6 都取得了突破性的进展。毫无疑问，IPv6 取代 IPv4 是一种必然趋势。根据我国下一代互联网协议 IPv6 部署行动计划，预计到 2025 年，下一代互联网协议将实现全面部署。因此，学习和掌握以 IPv6 协议为核心的下一代互联网技术是必要的。

IPv6 是下一代互联网的核心协议，学习和掌握它的基本原理需要一本理论性和实用性强的专业教材，《下一代互联网与安全》正是这样的一本书。本书内容涉及下一代互联网核心协议原理，包括绪论、IPv6 地址体系结构、IPv6 的基本首部和扩展首部、ICMPv6 协议、邻居发现协议、路由选择协议、IPv6 组播技术、DNSv6、DHCPv6、IPv6 套接字网络编程以及 IPv6 网络安全等。

本书的特点是：内容丰富、结构严谨、图文并茂、语言通俗易懂、理论与实践相结合。

本书作者长期从事研究生计算机网络教学工作，并对 IPv6 进行了深入的探索和研究，积累了丰富的教学经验，本书正是作者基于多年的教学经验编写而成的。

目前市面上介绍 IPv6 技术的书籍不多，高校教材更是少见，而 IPv6 技术已成为高校本科生和研究生的主要课程。鉴于此，特向广大师生和计算机网络爱好者推荐本书。本书是适用于研究生及本科高年级学生教学的教材，希望本书的出版能给大家带来帮助。

编　者

目　录

第 **1** 章 绪　论

当前，世界上最大的网络——Internet 已成为人类日常生活的重要组成部分。过去几十年，Internet 主要使用 IPv4，但其因 IP 地址已经枯竭而极大地阻碍了 Internet 的进一步发展。随着 5G、移动互联网、物联网、工业互联网、智慧城市以及智能家居的大规模推广和应用，每一个网络终端或智能设备都必须配备可以在互联网上使用的 IP 地址。要想建立以 Internet 网络为通信基础的网络空间，必须对其 IP 地址进行扩展，以确保每个用户至少拥有几十甚至上百个互联网 IP 地址，因此需要引入下一代互联网协议。

IPv6 就是下一代互联网的主要协议，其拥有海量 IP 地址，从而彻底解决了 IPv4 地址短缺的问题。除此之外，IPv6 网络还具有以下优势：具有地址分层结构；具有完善的 IPSec 及 QoS 能力；具有网络的即插即用能力；支持移动网络通信；可以建立可信任的互联网；等等。虽然目前 IPv6 和 IPv4 共存，但目前绝大部分大型网络和骨干网都采用 IPv6 进行通信，只有少部分小型网络仍然采用 IPv4。由此可见，IPv6 在下一代互联网中已占据主导地位，IPv4 必将逐步退出历史舞台，IPv6 最终会取代 IPv4。根据我国 2017 年颁布的《推进互联网协议第六版(IPv6)规模部署行动计划》，预计到 2025 年，我国将全面支持 IPv6。

1.1　下一代互联网的基本概念和主要特征

1.1.1　基本概念

一般来说，下一代互联网是指既能保留目前互联网的技术优势，又能较好地解决新一代互联网重大技术挑战的网络。

保留目前互联网的技术优势是指继续采用以 IP 协议为核心的网络体系结构，包容各种网络通信技术，支撑用户开发创新应用；下一代互联网就是以 IPv6 取代 IPv4，并且在以 IPv6 为核心的新的技术平台上继续、更好地解决当前互联网面临的重大技术难题。因此，下一代互联网是以 IPv6 为基本特征(但 IPv6 并不是下一代互联网的全部，而只是下一代互联网的开始)，在新的技术平台上解决重大技术难题，继续演进和发展的互联网。

1.1.2　主要特征

根据下一代互联网的基本概念，其特征主要体现在两个方面：其一是以 IPv6 取代 IPv4；其二是在以 IPv6 为核心的新的技术平台上解决当前互联网面临的重大技术难题。

在完成 IP 协议替换并很好地解决当前互联网面临的重大技术难题以后，人们期望下一代互联网具有以下 5 个主要特征。

（1）网络地址资源足够丰富

目前互联网的 IPv4 地址用 32 位二进制数表征，地址大约有 43 亿个；下一代互联网的 IPv6 地址用 128 位二进制数表征，地址约为 2^{108} 个，是现有 IPv4 地址的 10^{29} 倍。在地址空间足够大的基础上，下一代互联网应该从目前主要连接计算机系统扩展到连接所有可以连接的电子设备。接入终端的电子设备的种类和数量越多，网络的规模越大，应用越广泛。

（2）基础设施更加先进

下一代互联网应该提供更高的传输速率，使端到端的传输速率达到每秒几百兆比特；应该支持大规模、强交互、高质量的实时视频传输等对延迟敏感的下一代互联网应用；应该提供强有力的服务质量保障。

（3）网络更加安全、可信、可控、可管、节能

下一代互联网应该在以开放、简单和共享为宗旨的技术优势基础上，建立完备的安全保障体系，从网络体系结构上保证网络信息真实、可溯源，提供安全、可信的网络服务。下一代互联网应该从网络体系结构上提供有效的网络管理元素和手段，对网络流量与用户行为做到可知、可控、可管。同时，下一代互联网应该更加节能。

（4）更加智能地实现人与人、物与人、物与物的互联

下一代互联网应该与移动通信、传感器网络、物联网、工业互联网、泛在网络等有机结合起来，为实现人与人、物与人、物与物之间的信息通信提供基础，实现任何人（Anyone）、任何物（Anything）在任何时间（Anytime）、任何地点（Anywhere）采用任何系统（Any System）的任何互联网应用（Any Internet Application）。

（5）网络经济更加合理

下一代互联网应该改变目前互联网基础网络运营商投入巨资建设网络却面临亏损，网络信息内容提供商基于网络提供服务却实现高额赢利的不合理经济模式，创立合理、公平、和谐的多方赢利模式，保持互联网良性和可持续发展。

1.2　IPv4 存在的问题

随着互联网的迅速发展，IPv4 越来越不能满足如今人们对互联网的应用需求，它存在的主要问题如图 1-1 所示。

1.2.1　IP 地址枯竭

传统 IP，即 IPv4 定义 IP 地址的长度为 32 位二进制数，理论上有 2^{32}（约等于 4 294 967 296）个 IP 地址。在 21 世纪之前，由于 IPv4 主要在上一代互联网中广泛应用，而上一代互联网的

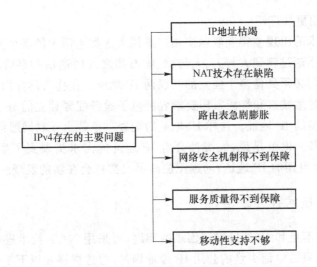

图 1-1 IPv4 存在的主要问题

连接终端主要是计算机系统,所以 32 位的 IP 地址是足够使用的。但进入 21 世纪后,由于移动互联网、物联网、工业互联网、智慧地球、智慧城市和智能家居的广泛应用,人均所需的 IP 地址数量至少为几十个甚至上百个,因此当前 IPv4 地址数量已不能满足人们的需求。

在 Internet 设计的初期,谁也没有预料到互联网会有如此爆炸性的增长。Internet 的设计者们根本没想到今天 Internet 会发展到如此大的规模,更没有预测到今天 Internet 的发展会因 IP 地址的不足而陷入困境。IPv4 面临一系列难以解决的问题,包括地址不足、安全性不足以及无法直接溯源等,其中 IP 地址不足问题无疑是最为严重的。

造成 IPv4 地址不足的原因主要有以下 4 个方面。

(1) 地址数量相对于人类数量有限,并且部分地址不能分配给用户使用

众所周知,IPv4 地址根据首字节的数值范围可划分为 A、B、C、D、E 五大类。其中,占总地址数量 12% 的 D 类和 E 类地址是不能分配给用户使用的,占总地址数量 2% 的特殊地址(包括网络号和广播地址等)也是不能分配给用户使用的。另外,10.0.0.0~10.255.255.255(A 类地址)、172.16.0.0~172.31.255.255 (B 类地址)、192.168.0.0~192.168.255.255(C 类地址)是内部网络地址,只能在内部网络使用,也不能分配给任何用户在互联网中使用,这类地址大约占 1%。这样,只有约 85% 的 IPv4 地址能够供人们使用。

(2) 资源分配不合理

基于 TCP/IP 协议的互联网最早是由美国设计的,由于具有先发优势,美国本土占用了74% 的可分配地址空间,只有 26% 的可分配地址供世界其他国家使用。截至 2022 年年底,中国网民达 10 亿人左右,但分配到的 IPv4 地址仅为 4 亿个左右。

(3) IP 地址浪费惊人

传统的 IP 地址是以"类"进行分配的,即一个公司或一所学校申请 IP 地址,被分配的要么是一个 A 类地址,要么是一个 B 类地址或 C 类地址。假设一个大学被分配了一个 B 类地址(一个 B 类地址理论上可使 65 534 台计算机接入 Internet),而该学校总共才有 3 000 台计算机接入 Internet,这样就造成了 62 000 多个地址被浪费。如果这所学校被分配的是一个 A 类地址(一个 A 类地址拥有 1 677 721 个 IP 地址),则其浪费的 IP 地址数量更为惊人。虽然可以通过 CIDR 技术将浪费的 IP 地址分配给其他机构使用,但是随着子网数量的不断增加,浪费的 IP 地址会越来越多。

（4）互联网应用更加广泛

新一代信息技术的出现使得互联网应用广泛深入人类生活中的各个方面。互联网从最初的人与人通信阶段逐渐过渡到人与人、人与物、物与物之间的通信共存阶段。人工智能与5G技术的发展使得人们必须具备多个独立的互联网 IP 地址。在物联网方面，通信的每个终端都需要配备 IP 地址，智慧城市和智能家居要求各种电子设备配置独立的 IP 地址，工业互联网的正式建立也需要众多的 IP 地址。这样 IP 地址的配置对象就由互联网通信的计算机终端扩展到多种电子通信设备。也就是说，人类社会对 IP 地址的需求扩展到了生活的方方面面。而 IPv4 只有 40 多亿个可用的 IP 地址，远远无法满足人类社会在新的发展阶段的需求。

1.2.2　NAT 技术存在缺陷

为解决 IP 地址不足和 IP 地址申请困难的问题，可采用 NAT 技术进行内部网络的组建。采用这种技术组网，只需申请少量的公用 IP 地址即可，但这样存在以下 3 个方面的问题。

① NAT 技术破坏了端到端的通信模式。

② NAT 技术设备必须保持连接状态。

③ NAT 技术不能保障端到端的网络安全。

一般 NAT 有两种方式。

① 一对一转换：允许一个整体机构以一个公用 IP 地址出现在 Internet 上。它是一种把内部私有网络地址（IP 地址）翻译成合法网络 IP 地址的技术。

② 多对一转换：又称网络地址端口转换，可将多个内部地址映射为一个合法公网地址，并且不同的协议端口号与不同的内部地址相对应。它涉及 IP 地址和端口号的转换。

一对一转换和多对一转换会降低 NAT 服务器的转发性能，这是因为 NAT 必须为每个数据包分别执行上述额外的操作。因此，NAT 往往不会被部署在大型网络环境中。

由于 IPv4 的地址相对比较稀缺，人们只能通过部署 NAT 来复用 IPv4 的私有地址空间。尽管 NAT 的确能够让更多的客户端连接到 Internet 中，但是它也会造成流量瓶颈，并对某些类型的通信造成困难。

1.2.3　路由表急剧膨胀

众所周知，IPv4 是采用与网络拓扑结构无关的形式来分配地址空间的，因此不能有效地进行地址聚合。每增加一个子网，路由器就要增加一个表项，这样必将导致主干路由器存在大量的路由表项。这种庞大的路由表项不仅会增加查找和存储的开销，消耗大量的网络资源，而且会降低网络效率和 Internet 服务的稳定性。

另外，由于 IPv4 数据报报头长度不固定，很难用硬件电路对路由信息进行提取和分析，路由器的存储转发能力受到了很大的限制。

1.2.4　网络安全机制得不到保障

IPv4 的安全机制非常弱，大多数安全机制只建立在应用程序级，IP 层的安全手段很少。

早期的互联网主要用于科学研究，安全问题并不突出。随着互联网的商用化，现有 IPv4 网络开始暴露出越来越多的安全缺陷，各种网络安全事件层出不穷。其中的一个重要原因是：在 IPv4 网络中，人们认为在网络协议栈的底层安全性并不重要，安全性的责任应交给应用层。

在这种情况下,安全性就意味着只对净荷数据加密。但即使应用层数据本身是加密的,携带它的 IP 数据仍会泄露给其他参与处理的进程和系统,这样就使得 IP 数据包容易受到诸如信息包探测、IP 欺骗、连接截获等手段的攻击。需要说明的是,尽管用于网络层加密与认证的 IPSec 协议可以应用于 IPv4 中,保护 IPv4 网络层数据的安全,但 IPSec 协议只是 IPv4 中的一个可选项,没有任何强制性措施保证它在 IPv4 中的实施。

1.2.5 服务质量得不到保障

虽然 IPv4 提供的服务类型(Type of Service,ToS)字段可以为不同业务流选择合适的路由,但从来没有在实际应用中得以真正实现。服务质量的保证需要路由协议彼此协作,除提供基于开销的最佳路由外,还要提供可选路由的延时、吞吐量和可靠性的数值。在 IPv4 中,ToS 是一种选择,如果用户认为低延时对于其应用最重要,则应用的吞吐量或可靠性将受到影响。

另外,IPv4 对互联网上涌现的新的业务类型缺乏有效的支持,如实时和多媒体应用,这些应用要求 IPv4 提供一定的服务质量保证,如带宽、延时和抖动。

IPv4 本身的局限性决定了它只能是一种尽力而为的运行方式。随着 IP 网络的发展,人们迫切要求数据报包括带宽、预留、多媒体传输、特殊的安全性等多方面服务,而 IPv4 很难充分地满足这些需要。

1.2.6 移动性支持不够

IPv4 诞生时,互联网的结构还是以固定和有线为主,所以 IPv4 没有考虑对移动性的支持。但到了 20 世纪 90 年代中期,各种无线、移动业务的发展要求互联网能够提供对移动性的支持。因此,研究人员提出了移动 IPv4。但由于 IPv4 本身的缺陷,移动 IPv4 存在着诸多弊端,如三角路由问题、安全问题、源路由过滤问题、转交地址分配问题等。事实上,正是因为存在这些问题,移动 IPv4 没有得到大规模应用。

1.3 IPv6 及其特点

IPv6 是 Internet Protocol Version 6 的缩写,被称为下一代互联网协议,它是由 IETF 设计的用来替代现行的 IPv4 的一种新的 IP 协议。一般而言,IPv6 与 IPv4 并不兼容,但是它与其他一些辅助性的协议则是兼容的,如 TCP、UDP、OSPF、BGP、DNS 等。为了实现 IPv6,实际上还需要开发另外一套协议栈,包括 OSPFv3、RIPng、BGP4+、DHCPv6、DNSv6 等。

IPv6 是为了解决 IPv4 所存在的一些问题和不足而被提出的,它在许多方面做出了改进,如路由、地址自动配置等。经过一个较长的 IPv4 和 IPv6 共存的时期后,IPv6 最终会完全取代 IPv4,在互联网中占据统治地位。

IPv6 设计的主要目标如下。
- 即使在不能有效分配地址空间的情况下,也能满足人们未来的需求。
- 减少路由表的大小。
- 简化协议,使得路由器能够更快地处理包。
- 提供比 IPv4 更好的安全性。

- 更多地关注服务类型,特别是实时数据。
- 支持组播。
- 支持移动功能。
- 具有很好的可扩展性。
- 在一段时间内,允许 IPv4 与 IPv6 共存。

与 IPv4 相比,IPv6 有如下特点。

1. 巨大的地址空间

IPv6 的地址长度为 128 位,是 IPv4(32 位)的 4 倍,理论上可以提供 2^{128}(即 340 282 366 920 938 463 463 374 607 431 768 211 456,约等于 3.4×10^{38})个 IPv6 地址,假如地球总表面积为 5.1×10^{14} 平方米,则相当于地球表面每平方米可分配 6.67×10^{23} 个 IPv6 地址。

由于 IPv6 形成了一个巨大的地址空间,在可预见的很长时期内,它能够为所有可以想象出的网络设备提供一个全球唯一的地址,真正保障端到端的通信原则。

2. 全新的报文结构

IPv4 的报头至少包含 12 个不同字段,且长度在没有选项时为 20 字节,包含选项时最多可达 60 字节。而 IPv6 对数据报头做了简化,使其包含 8 个不同字段,长度固定为 40 字节,减少了需要检查和处理的字段数量,专注于网络数据包的存储和转发,这将使得路由器的效率得到提高。IP 协议层的部分功能交给扩展头部处理,包括路由首部、分片扩展首部等。

3. 简化的报头结构和灵活的报头扩展

IPv6 对数据报头做了简化,以减少处理器开销并节省网络带宽。IPv4 的报头有 12 个域,而 IPv6 的只有 8 个域;IPv4 的报头长度是由 IHL 域来指定的,而 IPv6 的是固定的 40 字节。IPv6 的报头由一个基本报头和多个扩展报头(Extension Header)构成。基本报头具有固定的长度(40 字节),用于放置路由器所必须处理的信息。在 IPv6 报文中,报文头包括固定头部和扩展头部两部分,一些非根本性的和可选的字段都移到了 IPv6 协议的基本报头之后的扩展报头中,从而使主干网路由器能高效地处理 IPv6 协议报头。

与此同时,IPv6 还定义了多个扩展报头,这使得 IPv6 变得极其灵活,能提供对各种应用的强力支持,同时又为以后支持新的应用提供了可能性。这些扩展报头被放置在 IPv6 报头和上层报头之间,它们都可以通过独特的"下一报头"的值来确认。由于下一报头长度为 8 位,因此理论上可以支持 256 个扩展报头。目前,常用的扩展报头有 6 个。除了逐跳选项报头(它携带了传输路径上每一个节点都必须处理的信息)、源路由扩展报头以及放在源路由扩展报头之前的目的选项报头之外,其他扩展报头只有在它们到达 IPv6 的报头中所指定的目标节点(当组播通信时,则是所规定的每一个目标节点)时才会得到处理。此时,IPv6 基本报头中的下一报头域指明第一个扩展报头。第一个扩展报头可以是上层协议,也可以是扩展报头。每一个扩展报头的内容和语义决定了是否去处理下一个首部。因此,扩展报头必须按照它们在包中出现的次序依次处理。一个完整的 IPv6 的实现包括下面这些扩展报头,按顺序排列为逐跳选项报头、目的选项报头、路由报头、分片报头、身份认证报头、有效载荷安全封装报头、目的选项报头。目的选项报头比较特殊,可以使用两次。

4. 简化的路由表

相比 IPv4,IPv6 使用的路由表更小。IPv6 的地址分配一开始就遵循聚类(Aggregation)的原则,这使得路由器能在路由表中用一条记录(Entry)表示一片子网,大大减小了路由器中路由表的长度,提高了路由器转发数据包的速度。

5. 层次化的地址结构

IPv6 将 IPv4 的地址长度从位数上增加了 4 倍，即将 IPv4 的 32 位扩充到了 128 位，以支持大量的网络节点。IPv6 支持更多级别的地址层次，设计者把它的地址空间按照不同的地址前缀来划分，并采用了层次化的地址结构，以利于骨干网路由器对数据包的快速转发。例如，在 IPv6 可聚合全球单播地址中，其地址结构包含 3 个层次，分别为公共拓扑层、站点拓扑层、网络接口标识层。

IPv6 定义了 3 种不同的地址类型，分别为单播地址（Unicast Address）、组播地址（Multicast Address）和任播地址（Anycast Address）。所有类型的 IPv6 地址都属于接口（Interface）而不属于节点（Node）。

一个 IPv6 单播地址被赋给某一个接口，而一个接口又只能属于某一个特定的节点，因此一个节点的任意一个接口的单播地址都可以用来标识该节点。IPv6 有多种单播地址形式，包括基于全球提供者的单播地址、基于地理位置的单播地址、链路本地地址、唯一本地地址和兼容 IPv4 的主机地址等。

组播地址是一个地址标识符对应多个接口的情况（通常属于不同的节点），用于表示一组节点。一个节点可能属于多个组播地址。在 Internet 上进行组播是 1988 年随着 D 类 IPv4 地址的出现而发展起来的。这个功能被多媒体应用程序所广泛使用，需要一个节点到多个节点的传输。

任播地址也是一个地址标识符对应多个接口的情况。如果一个报文要求被传送到一个任播地址，则它将被传送到由该地址标识的一组接口中距离源发送端最近的一个（根据路由选择协议的距离度量方式决定）。任播地址是从单播地址空间中划分出来的，因此可以使用表示单播地址的任何形式。从语法上来看，任播地址与单点传送地址是没有差别的。当一个单播地址被指向不止一个接口时，该地址就成为任播地址，并且被明确指明。当用户把一个数据包发送到这个任播地址时，离用户最近的一个服务器将响应该用户，这对于经常移动和变更的网络用户大有益处。

6. 即插即用的连接功能

IPv6 能自动将 IP 地址分配给用户的功能作为标准功能。只要计算机接入网络，主机便可自动设定 IP 地址。该功能有两个优点：一是终端用户不需要花精力进行 IP 地址设置；二是可以大大减轻网络管理者的负担。IPv6 有两种自动设定功能：一种是和 IPv4 自动设定功能一样的"有状态地址自动配置"功能，即动态主机地址配置；另一种是"无状态地址自动配置"功能。

在 IPv4 中，动态主机配置协议（Dynamic Host Configuration Protocol，DHCP）实现了主机 IP 地址及其相关参数的自动设置。一个 DHCP 服务器拥有一个 IP 地址池，主机从 DHCP 服务器租借 IP 地址并获得有关的配置信息（如默认网关、DNS 服务器等），由此达到自动设置主机 IP 地址的目的。IPv6 继承了 IPv4 的这种自动配置功能，并将其称为有状态地址自动配置（Stateful Address Auto Configuration）。

无状态地址自动配置（Stateless Address Auto Configuration）的过程如下。

① 在主机网卡 MAC 地址（48 位）正中间的位置插入 4 位 16 进制数：FFFE，得到 64 位地址信息，将修改后地址信息的第 7 位从 0 修改为 1，从而得到主机接口 ID，并将其附加在网络前缀 FE80::/64 之后，这样就产生了一个 128 bit 的本地链路单播地址。

② 主机向该地址发出一个被称为邻居发现（Neighbor Discovery）的请求报文，以进行重

复地址检测,验证地址的唯一性,如果请求没有得到回应,则表明主机自动配置的本地链路单播地址是唯一的;否则,主机将使用一个随机产生的接口 ID 组成一个新的本地链路单播地址。

③ 主机以该地址为源地址,向本地链路中的所有路由器发送一个路由器请求(Router Solicitation)报文。收到请求的路由器会以一个包含可聚合全球单播地址的网络前缀和其他相关配置信息的路由器公告报文来响应。主机从路由器公告报文中提取网络前缀,并将自己的接口 ID 附加在网络前缀后面,这样就自动配置生成了一个全球单播地址。

使用无状态地址自动配置,无须手动干预就能够改变网络中所有主机的 IP 地址。例如,企业更换接入 Internet 的 ISP 时,将从新的 ISP 处得到一个新的可聚合全球地址前缀。ISP 把这个地址前缀从它的路由器上传送到企业路由器上。由于企业路由器将周期性地向本地链路中的所有主机组播发送路由通告,因此企业网络中的所有主机都将通过该路由通告收到新的地址前缀。于是,它们就会自动产生新的 IP 地址并覆盖旧的 IP 地址。

使用 DHCPv6 进行地址自动设定,连接于网络上的机器有了 DHCP 服务器的服务支持才能获得 IP 地址及其相关配置信息。然而,在家庭网络中通常没有 DHCP 服务器,此外,在移动环境中网络往往是临时建立的,在这两种情况下,无状态自动配置方法无疑更为合适。

7. 网络层的认证与加密

安全问题始终是与 Internet 相关的一个重要话题。由于 IP 协议的设计者在设计之初没有考虑安全性,因此在早期的 Internet 上时常会发生诸如企业或机构网络遭到攻击、机密数据被窃取等事件。为了提高 Internet 的安全性,从 1995 年开始,IETF 着手研究并制定了一套用于保护 IP 通信的 IP 安全 (IPSec)协议。IPSec 是 IPv4 的一个可选协议,而在 IPv6 中却是必选组件。

IPSec 的主要功能是在网络层向数据分组提供加密和鉴别等安全服务,它提供了两种安全机制:认证和加密。认证机制使 IP 通信的数据接收方能够确认数据发送方的真实身份以及数据在传输过程中是否遭到更改。加密机制通过对数据进行编码来保证数据的机密性,以防数据在传输过程中被他人截获而泄密。IPSec 的认证报头(Authentication Header,AH)协议定义了认证的应用方法,封装安全净荷(Encapsulating Security Payload,ESP)协议定义了加密和可选认证的应用方法。在实际进行计算机网络通信时,我们可以根据安全需求同时使用这两种协议或选择使用其中的一种。AH 和 ESP 都可以提供认证服务,但 AH 提供的认证服务要强于 ESP。

IPSec 定义了两种类型的安全关联(Security Association,SA):传输模式 SA 和隧道模式 SA。传输模式 SA 是在 IP 报头以及任何可选的扩展报头之后和任何高层协议(如 TCP 或 UDP)报头之前插入 AH 或 ESP 报头;隧道模式 SA 是将整个原始的 IP 数据包放入一个新的 IP 数据包中。在采用隧道模式 SA 时,每一个 IP 数据包都有两个 IP 报头:外部 IP 报头和内部 IP 报头。外部 IP 报头指定将对 IP 数据包进行 IPSec 处理的目的地址,内部 IP 报头指定原始 IP 数据包最终的目的地址。传输模式 SA 只能用于两个主机之间的 IP 通信,而隧道模式 SA 既可以用于两个主机之间的 IP 通信,又可以用于两个安全网关之间或一个主机与一个安全网关之间的 IP 通信。安全网关可以是路由器、防火墙或 VPN 设备。

作为 IPv6 的一个组成部分,IPSec 协议是一个网络层协议。它只负责其下层的网络安全,并不负责其上层应用(如 Web、电子邮件和文件传输等)的安全。也就是说,验证一个 Web 会话依然需要使用 SSL 协议。不过,TCP/ IPv6 协议簇中的协议可以从 IPSec 中受益。例如,用于 IPv6 的 OSPFv3 路由协议就去掉了用于 IPv4 的 OSPF 中的认证机制。

作为 IPSec 的一项重要应用,IPv6 集成了虚拟专用网(Virtual Private Network,VPN)的功能,使用 IPv6 可以更容易地实现更为安全可靠的虚拟专用网。

8. 可保证的服务质量

基于 IPv4 的 Internet 在设计之初,只有一种简单的服务质量(Quality of Service,QoS),即采用"尽最大努力"(Best Effort)传输。从原理上讲,这样的服务质量是没有保证的。文本传输、静态图像传输等对 QoS 并无要求,但随着 IP 网上多媒体业务的增加,如 IP 电话、视频点播、视频会议等实时应用,对传输延时和延时抖动均有了严格的要求。

IPv6 数据包中有一个 8 位的业务流类别(Traffic Class)和一个 20 位的流标签(Flow Label)。最早在 RFC1883 中定义了 4 位的优先级字段,可以用其区分 16 个不同的优先级,在 RFC2460 中优先级字段扩展为 8 位,其数值及使用方法还没有定义,定义优先级字段的目的是允许发送业务流的源节点和转发业务流的路由器在数据包上加上标记并对其进行特殊处理。一般来说,在所选择的链路上,可以根据开销、带宽、延时或其他特性对数据包进行特殊处理。

一个流包含以某种方式相关的一系列信息包,IP 层必须以相应的方式对待它们。决定信息包属于同一个流的参数包括源地址、目的地址、源端口、目的端口、上层协议、QoS、身份认证及安全性等。IPv6 中"流标签"是面向无连接网络层协议的一个字段,一个流可以包含几个 TCP 连接,一个流的目的地址可以是单个节点也可以是一组节点。IPv6 的中间节点收到一个信息包时,通过验证流标签就可以判断它属于哪个流,并可以知道信息包的 QoS 需求,进行快速转发。

9. 支持移动通信

移动通信与互联网的结合将是网络发展的大趋势之一,移动互联网将成为人类生活中不可缺少的一部分。移动互联网不仅提供移动接入互联网的便利,还提供一系列以移动性为核心的增值业务,如电子商务、购物付款等。

移动 IPv6 的设计吸取了移动 IPv4 的设计经验,并利用了 IPv6 的许多新特征,所以移动 IPv6 能够比移动 IPv4 提供更多、更好的功能。移动 IPv6 将成为 IPv6 协议不可分割的一部分。

10. 全新的邻居发现协议

IPv6 中的邻居发现协议(Neighbor Discovery Protocol,NDP)是一系列机制,用于管理相邻节点的信息交互。该协议能够更加有效地应用于单播报文和组播报文,取代了 IPv4 中的地址解析协议(Address Resolution Protocol,ARP)、互联网控制报文协议(Internet Control Message Protocol,ICMP)和互联网组管理协议(Internet Group Management Protocol,IGMP)。

1.4 IPv6 与 IPv4 的区别

与 IPv4 相比,IPv6 有以下几个方面的不同。

① IPv4 可提供 4 294 967 296 个地址。IPv6 将原来的 32 位地址空间增大到了 128 位,地址为 2^{128} 个,能够为地球表面每平方米分配 6.67×10^{23} 个 IPv6 地址。由此可见,在可预估的时间内,IPv6 地址是不会耗尽的。

② IPv4 使用 ARP 获取邻居 IP 地址对应的 MAC 地址;而 IPv6 用 ICMPv6 协议中的邻居请求(Neighbor Solicitation)组播消息取代了 ARP。

③ IPv4 中的路由器不能识别提供服务质量的有效载荷(Payload);IPv6 中的路由器使用 Flow Label 字段可以识别提供服务质量的有效载荷。

④ IPv4 网络的回路测试地址为 127.0.0.1,IPv6 网络的回路测试地址为 0000:0000:0000:0000:0000:0000:0000:0001(简写为::1)。

⑤ 在 IPv4 中,DHCP 实现了主机 IP 地址及其相关配置的自动设置。一个 DHCP 服务器拥有一个 IP 地址池,主机从 DHCP 服务器租借 IP 地址并获得有关的配置信息(如默认网关、DNS 服务器等),由此达到自动设置主机 IP 地址的目的。IPv6 继承了 IPv4 的这种自动配置功能,并将其称为有状态地址自动配置,以区别于无状态地址自动配置。

⑥ IPv4 使用 IGMP 管理本机子网络群组成员身份,IPv6 用组播侦听发现(Multicast Listener Discovery,MLD)消息取代了 IGMP。

⑦ 与 IPv4 相比,IPv6 的内置安全性更高。IPSec 由 IETF 开发,是确保秘密、完整、真实的信息穿越公共 IP 网的一种工业标准。在 IPv6 中,IPSec 不再是 IP 协议的补充部分,而是 IPv6 自身所具有的功能。IPv4 只是选择性地支持 IPSec,而 IPv6 是全自动地支持 IPSec。

⑧ 与 IPv4 相比,IPv6 能够更好地支持 QoS。QoS 是网络的一种安全机制。在通常情况下,网络并不需要 QoS,但是对关键应用和多媒体应用来说,QoS 是十分必要的。当网络过载或拥塞时,QoS 能确保重要业务不被延迟或丢弃,同时保证网络的高效运行。IPv6 的包头对如何处理与识别传输进行了定义。IPv6 的包头使用 Flow Label 来识别传输,可使路由器对属于一个流量的封包进行标识和特殊处理。流量是指源和目的之间的一系列封包,因为是在 IPv6 的包头中识别传输,所以即使透过 IPSec 加密的封包有效载荷,仍可实现对 QoS 的支持。

1.5　下一代互联网的发展趋势

为了适应以 IP 业务为代表的数据业务的迅猛发展、数据业务量将大大超过话音业务量的发展趋势,以及客户服务器等应用方式引起的网络流量分布变化,支持层出不穷的网上应用,世界各国都在探索与试验下一代互联网的可持续发展。下一代互联网技术的出现使运营商们开始了对下一代互联网的研究和探索。2017 年 11 月 26 日,中共中央办公厅、国务院办公厅印发了《推进互联网协议第六版(IPv6)规模部署行动计划》并发出通知,要求各地区、各部门结合实际认真贯彻落实。《推进互联网协议第六版(IPv6)规模部署行动计划》的主要目标为:用 5 到 10 年时间,形成下一代互联网自主技术体系和产业生态,建成全球最大规模的 IPv6 商业应用网络,实现下一代互联网在经济社会各领域深度融合应用,成为全球下一代互联网发展的主导力量。按照上述计划,中国多家电信运营商已经开始了对下一代互联网的大规模建设,预计到 2025 年全面建成 IPv6 网络,直接为互联网用户提供 IPv6 通信服务。

与此同时,以软交换、IPv6 等为核心的下一代互联网技术日趋成熟,国内外各大通信厂商相继推出基于下一代互联网的产品和技术。随着业务需求的增加和技术的发展以及网络体系结构的演变,下一代互联网已经成为通信网络发展的热点。

下一代互联网将是 IP 网络、光网络、无线网络的世界,是基于 IPv6 的网络。从核心网到用户终端,信息的传递以 IPv6 的形式进行。除了互联网的各种应用不断深入和普及之外,各种传统的电信业务也不断向基于 IPv6 的网络转移。宽带的发展需求推动了光通信的快速发展,光通信技术现已渗入网络的各个层面,从广域网、城域网一直到局域网,从长途网、本地网、接入网一直到用户驻地网,光纤宽带网的发展为日益广泛的宽带应用提供了广阔的发展前景。无线使人们摆脱了线缆的束缚,可以不受地理位置限制随时随地地获得通信与信息服务。近几年,移动通信在全球的快速发展也进一步证明:移动通信方式将逐渐占领传统有线网的中心舞台,把网络从地上移至空中。

1.6 下一代互联网发展面临的挑战

随着互联网的日益普及,异构环境、普适计算、泛在网络、移动接入和海量流媒体等新应用不断涌现,人们对互联网的规模、功能和性能等方面的需求越来越高。目前互联网在可扩展性、安全性、高性能、实时性、移动性、可管理性等方面存在重大技术问题。其中,可扩展性和安全性是互联网目前面临的首要技术挑战。

1. 可扩展性

可扩展性是目前互联网技术取得成功的最重要原因之一。无连接分组交换技术不要求网络交换节点记录数据传送的轨迹,是互联网易于扩展的基础;分层的路由寻址结构使得全球属于不同管理域的网络相互寻址变得相对简单、可行。尽管 IPv6 定义了海量的地址,但是如何对这些地址进行合理的规划和设计,以及如何在巨大的地址空间范围内实现高效的路由寻址,仍然是没有解决的技术难题。面对如此巨大的地址空间,理想的路由机制一定是可扩展的路由机制,是可以随着规模的不断扩大能够自适应的路由机制。

2. 安全性

目前互联网中存在着种种安全问题。例如:网络恶意攻击不断;网络病毒泛滥;路由系统无法验证数据包的来源是否可信;追查网络虚假信息发布者异常困难;用户担心网络敏感信息或个人隐私泄露;关键应用系统的开发者和所有者担心受到网络的攻击,影响应用系统的可用性。互联网出现的这些安全问题严重影响了越来越依靠互联网运行的国家经济、社会和军事系统的安全,使人们对互联网的安全性产生了怀疑。目前的互联网安全技术相对独立,系统性不强,基本处于被动应对状态。从下一代互联网体系结构上找出其安全问题的根源,确保互联网地址及其位置真实可信,提高网络应用实体的可信度,系统地解决互联网安全问题,是下一代互联网研究面临的重要技术挑战。

3. 高性能

随着流媒体数据在互联网流量中占有比例的不断增加,基于分组交换、点到点传输和闭环拥塞控制的互联网体系表现出越来越多的不适应性,越来越多的数据传输只能依靠层叠网技术来实现。由于不能感知和利用网络状态信息,无法利用路由器的数据复制和分发功能,P2P等层叠网技术在实现海量信息传输的同时,降低了互联网本身的传输效率。随着千兆/万兆位以太网技术、密集波分复用技术、光通信技术的发展,下一代互联网主干网和接入网的超高速传输似乎大有发展潜力。但是,应该与此相匹配的超高速分组处理技术和超高速路由寻址技术受到目前微电子技术发展的限制,不是集成度不够就是电功耗太大。要想突破这种限制,必须设计出新的超高速分组处理算法和大规模高效路由寻址体系结构。此外,还要解决全网范围的高性能端到端传输所面临的一系列技术难题。

4. 实时性

相关机构的研究表明:到 2025 年,互联网骨干业务流量的 95％以上是敏感延时的流媒体业务。如何在非连接 IP 网络"尽力而为"的业务模式下,为未来占统治地位的实时交互式流媒体业务提供良好支持将是下一代互联网研究面临的重要技术挑战之一。另外,对于其他大量非视频的实时性应用(如实时工业控制、自动指挥、测量监视等),互联网技术同样远远不能满足它们的实时性要求。如何提供与互联网"尽力而为"设计理念完全不同的实时性处理能力、如何支持更多的实时性应用需求,成为下一代互联网面临的又一重要技术挑战。例如,多协议标签转发就是其中的重要选项。它可以针对流媒体服务提供可靠、快速的路由转发机制,以满足用户对视频数据的高性能要求。

5. 移动性

目前发展最为迅速的无线移动通信主要采用电路交换的蜂窝移动通信技术,如 5G 移动通信技术。它以高速多媒体无线移动通信为主要业务,与互联网属于两种完全不同的技术体制。如果通过 5G 移动网络接入下一代互联网,由于当前流媒体传输占据 90％以上,因此将对下一代互联网的速度提出更高的要求。近年来,互联网的无线接入技术(如 WiFi)发展迅速,各种无线移动终端也层出不穷,正在使互联网越来越具移动性。当前正在建设的下一代互联网实际上也是一个移动的、无处不在的互联网。如何基于现有的互联网技术体制,采用先进的互联网无线接入技术,借鉴目前无线移动通信技术的成功经验,满足移动通信对多媒体数据的广泛要求,构造出真正的高速高质量的移动互联网,是下一代互联网面临的重大技术挑战之一。

6. 可管理性

互联网之所以管理困难、安全问题严重,是因为互联网端到端的特性决定了网上的用户个人和端系统、每个网络和运营商都是独立的、自治的。用户的通信范围不局限于接入点所在的网络,但是对跨管理域的通信行为,目前在测量和控制方面缺乏基本支持。另外,互联网上独立、自治的实体之间存在着合作、竞争和对抗关系,有时很难在网络管理和安全的目标上达成一致:有限的网络资源在无序的竞争或对抗中,很难达到最佳的利用效果,甚至有可能被大量滥用或恶意破坏。如何在由自治用户、自治网络构成的复杂系统中实现有效的网络管理,使得各种网络功能可知、可控和可管,是下一代互联网面临的又一个重大技术挑战。

第2章 IPv6地址体系结构

接入 Internet 网络的计算机成千上万,为了能识别接入网络的每一台计算机,使每台上网的计算机之间能够相互进行资源共享和信息交换,Internet 需要给每一台上网的计算机分配一个二进制数字编号,这个编号就是所谓的 IP 地址。任何一台计算机的公网 IP 地址在全世界范围内都是唯一的。

计算机网络通信中相关的地址包括 IP 地址、MAC 地址和域名等。其中,IP 地址是逻辑地址,MAC 地址是物理地址,域名就是用户使用的地址。在 IPv4 中,使用 ARP 可以通过 IP 地址查询到对应的 MAC 地址,而计算机网络通信中的域名必须通过查询域名服务器得到对应的 IP 地址。如果将计算机网络通信比作寄信的话,那么 IP 地址相当于收信人地址,而 MAC 地址相当于收信人。一个数据包需要借助于 IP 地址实现远程传输,确保到达远程网络。但是等数据包到达目标网络之后,该数据包先封装为数据帧,然后目标网络中的主机将自身网络接口配置的 MAC 地址和数据帧中的目标 MAC 地址进行比较。如果两者相同,该主机就接收该数据帧,否则就不予处理。当然,如果网络接口处于监听状态,则所有的数据帧都将被接收。因此,最终数据的接收还是通过 MAC 地址完成的,而 IP 地址仅确保数据报文的远程交付。

IPv4 的 IP 地址长 32 位,根据首字节的数值范围划分为 A、B、C、D、E 共 5 类,其地址分配是以"类"进行的;IPv6 的 IP 地址长 128 位,分为单播地址、组播地址和任播地址,其地址分配是以"聚合"的原则以及"地址前缀+前缀长度"的策略进行的。

本章将在介绍 IPv4 地址结构的基础上,对 IPv6 的地址表示、地址类型、接口标识符及地址配置方式进行全面的介绍。

2.1 IPv4 地址结构

1. IPv4 地址

IPv4 的 IP 地址长 32 位,分为 4 段,每段称为一个地址节,每个地址节长 8 位。为了书写方便,每个地址节用一个十进制数表示,每个数的取值范围为 0~255,地址节之间用小数点"."隔开,例如,一个 C 类的 IP 地址为 198.40.1.33。最小的 IP 地址为 0.0.0.0,最大的 IP 地址为 255.255.255.255。

2. IP 地址分类

IPv4 的 IP 地址分为 A、B、C、D、E 共 5 类。A 类地址适用于大型网络,B 类地址适用于中型网络,C类地址适用于小型网络,D类地址适用于组播,E类地址适用于实验。一个单位或部门可拥有多个IP地址,例如,某单位可拥有2个B类地址和50个C类地址。我们可通过IP地址的最高8位对其类别进行判断,如表2-1所示。

表 2-1　IP 地址分类表

IP 地址类别	高 8 位数值范围	最高 4 位的值
A	0～127	0XXX
B	128～191	10XX
C	192～223	110X
D	224～239	1110
E	240～255	1111

例如,清华大学的IP地址116.111.4.120是A类地址,北京大学的IP地址162.105.129.11是B类地址,贵州大学的IP地址210.40.0.58是C类地址。IP地址以"网络号＋主机号"的方式来表示:A类地址用高8位表示网络号,其中最高位固定为0(实际只用7位),用低24位表示主机号;B类地址用高16位表示网络号(实际只用14位),用低16位表示主机号;C类地址用高24位表示网络号(实际只用21位),用低8位表示主机号。3类IP地址网络号与主机地址的对应关系如图2-1所示。

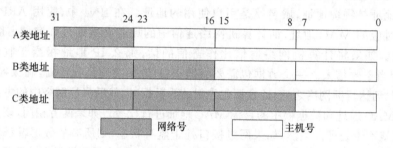

图 2-1　3 类 IP 地址网络号与主机号的对应关系

在Internet中,不同类别的IP地址所能包含的网络个数是不一样的:A类地址只有128个网络,每个网络可连入16 777 214台主机;而C类地址拥有2 097 152个网络,每个网络最多只能连入254台主机。不同类别的IP地址的信息如表2-2所示。

表 2-2　不同类别的 IP 地址的信息

类别	网络号位数	最大网络数	主机位数	最大主机数	实际主机数
A 类	7	128	24	16 777 216	16 777 214
B 类	14	16 384	16	65 536	65 534
C 类	21	2 097 152	8	256	254

2.2　IPv6 地址表示

IPv6地址长度为128位,人们使用二进制直接书写或记忆如此长的IP地址是非常不方便甚至是很困难的。类似于IPv4中使用的点分十进制表示法,IPv6制定了冒分十六进制表示法,用以表示 IPv6 的 128 位地址。这种方法将 128 位的地址分成 8 组,每组由 4 个十六进制数表示,其取值范围是 0000～FFFF,每组之间用冒号":"隔开,这样 IPv6 地址的表示形式是"X:X:X:X:X:X:X:X",其中每个 X 代表 4 个十六进制数。

根据以上 IPv6 地址的表示方法,下面列举几个 IPv6 地址的例子,并在此基础上介绍 2 种 IPv6 地址的表示方法——零压缩法和网络前缀法。

1. IPv6 地址示例

下面给出 2 个 IPv6 地址:

$$2001:250:4005:1000:1235:abcd:0025:1011$$
$$aedc:fa20:7484:32b0:aefc:bc91:2645:3214$$

从以上 2 个地址可以清楚地看到手工管理 IPv6 地址的难度,同时也说明了 IPv6 无状态地址自动配置、动态主机配置协议和域名系统(Domain Name System,DNS)的重要性。

2. 零压缩法

采用冒分十六进制表示 IPv6 地址的同时,对于一些含有"0"的地址,还可以采用零压缩法来表示。例如,对于以下地址:

$$abcd:0000:0000:0000:0008:0800:800c:417c$$
$$0000:0000:0000:0000:0000:0000:0b00:0001$$

就可以采用零压缩法进行简化表示,也就是将每一组数值前面的"0"去除。例如,用 0 代替 0000,用 1 代替 0001,用 20 代替 0020,用 300 代替 0300,依此类推。如果使用零压缩法,上面的 2 个地址就会变成下面的形式:

$$abcd:0:0:0:8:800:800c:417c$$
$$0:0:0:0:0:0:b00:1$$

按照 RFC 的规范,零压缩法还可以使用双冒号"::"做进一步的简化,它代表一系列的"0"。使用了这种简化方式之后,上面的 2 个地址将会变成下面的形式:

$$abcd::8:800:800c:417c$$
$$::b00:1$$

注意:每个地址只能使用一次双冒号简化,由于 IPv6 地址的长度是固定的,因此可以计算出省略了多少个 0。这种简化可以用在地址的中间,也可以用在地址的开始或结尾。一个 IPV6 地址中只能出现一个"::",否则会出现歧义。

图 2-2 为采用零压缩法实现地址简化的示例。然而这种简化对机器没有用处,只是便于人们识别,机器在识别 IPv6 零压缩地址时还要将其恢复为 128 位地址。

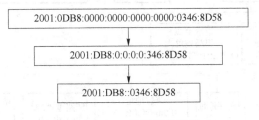

图 2-2 IPv6 地址压缩示例

3. 网络前缀法

IPv6 地址前缀的表示方式与 IPv4 地址前缀在无类别域间路由(Classless Inter-Domain Routing,CIDR)中的表示方式很相似。一个 IPv6 地址前缀通常可以表示为"IPv6-address/

prefix-length"的形式,这里的"IPv6-address"是指任何形式的 IPv6 地址,而"prefix-length"表示前缀的长度,一般以位为单位,用十进制数表示。

网络前缀法可以用于表示一个子网。例如,为了表示一个具有 80 位前缀的子网,可使用下面的格式:

$$2040:0:0:0:8::/80$$

注意:在这个例子中,中间的 3 个 0 不能省略,因为"::"已经用来表示结尾的 0 了。

对于一个 64 位长的前缀 82ab00000000cd30,下面的表示都是合理的:

82ab:0000:0000:cd30:0000:0000:0000:0000/64

82ab:0:0:cd30:0:0:0:0/64

82ab::cd30:0:0:0:0/64

82ab:0:0:cd30::/64

但是,将 82ab:0:0:cd30::/64 表示成 82ab:0:0:cd3::/64 是不合理的,这是因为在任何一个 16 位的地址块中,前面的 0 都可以省略,但是结尾处的 0 不能省略。对于 82ab:0:0:cd30::/64,其前缀展开为 82ab:0000:0000:cd30;而对于 82ab:0:0:cd3::/64,其前缀展开为 82ab:0000:0000:0cd3。由此可见,两者前缀展开后的地址结构是不一样的。

除了可以表示一个子网之外,网络前缀法还可以将节点地址和它的前缀结合起来表示一个节点地址。例如,节点地址为 82ab:0:0:cd30:456:4567:89ab:cdef,前缀为 82ab:0:0:cd30::/64,二者可以合并为 82ab:0:0:cd30:456:4567:89ab:cdef/64。

2.3 IPv6 地址类型

按寻址方式和功能的不同,IPv6 地址可分为 3 种基本类型,分别是单播地址(Unicast Address)、任播地址(Anycast Address)和组播地址(Multicast Address)。IPv6 地址分类如图 2-3 所示。

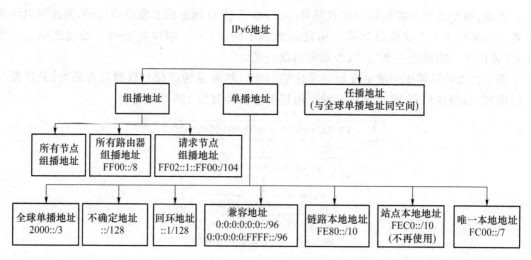

图 2-3　IPv6 地址分类

1. 单播地址

单播地址是单个网络接口的标识,以单播地址为目的地址的数据报将被送往由其标识的唯一的网络接口上。单播地址的层次结构在形式上与IPv4的CIDR地址结构十分相似,它们都有任意长度的连续地址前缀。

单播地址具有如下几种形式:全球单播地址(Global Unicast Addresses),也称全局单播地址;不确定地址(Unspecified Address);回环地址(Loopback Address);兼容地址,又称内嵌IPv4地址的IPv6地址(IPv6 Addresses with Embedded IPv4 Addresses);链路本地地址(Link-Local Addresses);站点本地地址(Site-Local Addresses);唯一本地地址。

下面将对上述几种地址进行较为详细的介绍。

(1) 全球单播地址

全球单播地址是IPv6中使用最广泛的一种地址。一个典型的全球单播地址由3部分组成,具体为全局路由前缀(Global Routing Prefix)、子网标识符(Subnet ID)和接口标识符(Interface ID),如图2-4所示。

n位	m位	$(128-n-m)$位
全局路由前缀	子网标识符	接口标识符

图 2-4　全球单播地址结构

在图2-4中,全局路由前缀具有层次结构,是分配给一个站点的前缀标识值;子网标识符用来识别站点中的某个链接;接口标识符用来标识链路上的某个接口。

除了以"000"(二进制表示)为前缀的地址外,RFC3513建议所有全球单播地址的接口标识符均为64位,并建议采用修改了的EUI-64格式,即建议 $n+m=64$。为进一步明确全球单播地址的格式,RFC3587在RFC3513的基础上给出了全球单播地址的新格式,如图2-5所示。

n位	$(64-n)$位	64位
全局路由前缀	子网标识符	接口标识符

图 2-5　具有64位接口标识符的全球单播地址

目前IANA正在分配以"2000::/3"为前缀的全局单播地址,按照上面的要求,其格式如图2-6所示。

3位	45位	16位	64位
001	全局路由前缀	子网标识符	接口标识符

图 2-6　当前正在分配的全球单播地址

(2) 不确定地址

0:0:0:0:0:0:0:0/128 或::/128地址称为不确定地址,该地址不能分配给任何节点,主要应用在无状态地址自动配置时的重复地址检测机制中。由于自动配置获取的地址与同一个网络的其他主机地址可能会有冲突,所以重复地址检测数据包中的源IP地址必须设置为不确定地址。不确定地址不能在IPv6包中用作目的地址,也不能用在IPv6路由报头中,IPv6路由器不会转发含有不确定地址的IPv6数据包。

(3) 回环地址

0:0:0:0:0:0:0:1 或::1的地址称为回环地址,节点可用它向自身发送IPv6数据包。回环地址不能分配给任何物理接口,相当于 IPv4 的回环地址 127.0.0.1。发向回环地址的数据报不会在一个链路上发送,也不会被 IPv6 路由器转发。向回环地址发送 ping 命令,如果有回应,则说明当前主机操作系统支持 TCP/IP 协议。

(4) 兼容地址

兼容地址又称内嵌 IPv4 地址的 IPv6 地址。为了支持 IPv4 向 IPv6 过渡,IPv6 相关的 RFC3513 和 RFC4291 文档定义了两种内嵌 IPv4 地址的 IPv6 地址:一种称作兼容 IPv4 的 IPv6 地址(IPv4-compatible IPv6 Address);另一种称作映射 IPv4 的 IPv6 地址(IPv4-mapped IPv6 Address)。

① 兼容 IPv4 的 IPv6 地址。将 96 位 0 的前缀加在 32 位的 IPv4 地址前,便可构成兼容 IPv4 的 IPv6 地址,该地址的前 80 位都是 0,第 81～96 位是 0000,最低 32 位是 IPv4 地址,其格式如图 2-7 所示。

80位	16位	32位
000·····················000	0000	IPv4地址

图 2-7 兼容 IPv4 的 IPv6 地址的格式

兼容 IPv4 的 IPv6 地址通常将双冒号和 IPv4 的点分十进制表示法结合,将地址表示成 "::a.b.c.d" 的形式,其中 "a.b.c.d" 为 IPv4 地址,如 0:0:0:0:0:0:218.199.48.202 或::218.199.48.202。

注意:在这个兼容 IPv4 的 IPv6 地址中,IPv4 地址必须是全球唯一的单播地址。

由于目前的 IPv6 过渡机制不再使用这类地址,因此 RFC4291 不建议使用这类地址。

② 映射 IPv4 的 IPv6 地址。映射 IPv4 的 IPv6 地址可把 IPv4 地址映射为 IPv6 地址,它的格式与兼容 IPv4 的 IPv6 地址的格式类似,只是第 81～96 位为 ffff,其格式如图 2-8 所示。

80位	16位	32位
000·····················000	ffff	IPv4地址

图 2-8 映射 IPv4 的 IPv6 地址的格式

映射 IPv4 的 IPv6 地址的表示形式常常是 "0:0:0:0:0:ffff:a.b.c.d" 或 "::ffff:a.b.c.d",其中 "a.b.c.d" 为 IPv4 地址,如 0:0:0:0:0:ffff:218.199.48.202 或::ffff:218.199.48.202。

(5) 链路本地地址

链路本地地址用于同一链路上的邻居之间的通信,由格式前缀 1111111010(fe80::/10)标识,它的作用域是本地链路,其格式如图 2-9 所示。

10位	54位	64位
1111111010	0	接口ID

图 2-9 链路本地地址的格式

链路本地地址对于邻居发现过程来说是必需的,并且总是自动配置的,甚至在没有其他任何单播地址时也是如此。

链路本地地址总以 fe80 开始。因为有 64 位的接口标识符,所以链路本地地址的前缀总是 fe80::/64。IPv6 路由器不会将含有目的地址为链路地址的数据包转发到其他链路。

链路本地地址主要用在以下场合:主机将本地路由器的本地链路地址作为默认网关 IPv6

地址;路由器使用本地链路地址交换动态路由协议消息;转发 IPv6 数据包时,路由器的路由表使用本地链路地址确定下一跳路由器。

（6）站点本地地址

站点本地地址用于同一机构中节点之间的通信,由格式前缀 1111111011 来标识,其格式如图 2-10 所示。

10位	54位	64位
1111111011	子网ID	接口ID

图 2-10　站点本地地址的格式

站点本地地址相当于 IPv4 的私有地址空间(10.0.0.0、172.16.0.0 和 192.168.0.0)。这样,没有直接连接到 IPv6 Internet 路由的私有内部网就可以使用站点本地地址,从而避免与全球地址发生冲突。站点本地地址对于外部站点来说是不可达到的,并且路由器不能把本地站点的数据包转发到此站点以外。站点本地地址的作用范围是该站点内部。

与链路本地地址不同,站点本地地址不是自动配置的,它必须通过无状态或有状态的地址自动配置方法来进行指派。目前,该地址已经被废止。

（7）唯一本地地址

唯一本地地址是另一种应用范围受限的地址,它仅能在一个站点内使用。站点本地地址废除后,唯一本地地址代替了它。

唯一本地地址的作用类似于 IPv4 中的私网地址,任何没有申请到提供商分配的全球单播地址的组织机构都可以使用它。唯一本地地址只能在本地网络内部被路由转发而不能在全球网络中被路由转发。唯一本地地址的格式如图 2-11 所示。

前缀 1111110L(8位)	全局路由前缀 (40位)	子网ID (16位)	接口ID (64位)

图 2-11　唯一本地地址的格式

在图 2-11 中,第 8 位为 L 标志位,值为 1 代表该地址是在本地网络范围内使用的地址;值为 0 被保留,用于以后扩展。

在 IPv4 中,利用 NAT 技术可以实现私网内的网络节点使用统一的公网出口访问互联网资源,大大节省了 IPv4 公网地址的消耗(IPv6 推进缓慢的原因之一)。在默认情况下,私网内的网络节点与外界通信的发起是单向的,网络访问只能从私网内发起,外部发起的请求会被统一网关或者防火墙阻隔掉,这样的网络架构很好地实现了私网内网络节点的安全性和私密性。因此,在安全性和私密性的要求下,在 IPv6 中,即使有海量的公网 IP 地址,但也需要私网 IP 地址的支持,而唯一本地地址就是 IPv6 中的私网地址,能起到保护 IPv6 内部网络的作用。

唯一本地地址具有如下特点。

① 具有全球唯一的前缀。

② 可以进行网络之间的私有连接,故不必担心地址冲突等问题。

③ 具有知名前缀(FC00::/7),方便边缘设备进行路由过滤。

④ 在应用中,上层应用程序将这些地址看作全球单播地址。

⑤ 独立于互联网服务提供商(Internet Service Provider,ISP)。

2. 任播地址

任播地址可被分配给属于不同节点的多个接口。以任播地址为目的地址的数据包将被送往由该地址标识的且被路由协议认为距离数据包源节点最近的一个接口上。我们可以这样理解：单播地址实现了从一个源节点向一个目的节点发送数据包的通信方法，属于一对一通信；组播地址实现的是一种一对多的通信；而任播地址实现的是一种一到最近点的通信机制。

任播地址取自单播地址空间，仅从语法上来说，任播地址与单播地址是无法区分的，当一个单播地址被分配给多个接口时，它就转换成了一个任播地址，获得该地址的节点必须明确知道这个地址是一个任播地址。

对于任何一个任播地址，都有一个最长的网络前缀标识出该地址所处的拓扑区域。在这个用网络前缀标识出的区域内，任播地址在路由系统中被允许作为一个单独的主机路由记录存在；在这个用网络前缀标识出的区域外，这个任播地址必须被类聚在网络前缀所标识的路由记录中。

任播过程涉及一个任播报文的发起方和一个或多个响应方。任播报文的发起方通常为请求某一服务（DNS 查找）的主机或请求返还特定数据（如 HTTP 网页信息）的主机。

在企业网络中运用任播地址有很多优势，其中一个优势是业务冗余。如图 2-12 所示，区域 X 和区域 Y 中的用户可以通过多台使用相同地址的服务器获取同一个服务，这些服务器都是任播报文的响应方。如果不采用任播地址通信，则当其中一台服务器发生故障时，用户只有获取另一台服务器的地址才能重新建立通信；如果采用任播地址通信，则当一台服务器发生故障时，任播报文的发起方能够自动与使用相同地址的另一台服务器通信，从而实现业务冗余。

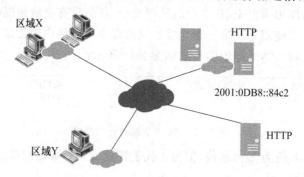

图 2-12　任播地址

另外，使用多服务器接入还能够提高工作效率。例如，用户（任播地址的发起方）浏览公司网页时，虽然用户使用相同的任播地址只能建立一条连接，但连接的对端是具有相同任播地址的多个服务器，用户可以从不同的镜像服务器分别下载 HTML 文件和图片。用户同时利用多个服务器的带宽下载网页文件，其效率远远高于使用单播地址下载的效率。

需要注意的是，任播地址不能作为 IPv6 报文的源地址。

3. 组播地址

组播地址用于标识多个网络接口，而这些接口通常分属于不同节点。如果向一个组播地址发送数据报，那么包含在该组播地址中的所有接口（节点）都能收到该数据报。

组播地址的格式前缀为 1111 1111，即总以 FF 开始，凡是格式前缀为 1111 1111 的地址都属于组播地址。组播地址不能被用作源地址或者路由器报头中的中间目的地址。

除了格式前缀外，组播地址还包括标志（Flags）、作用域的范围（Scope）和组 ID（Group ID）等字段，其具体结构如图 2-13 所示。

8位	4位	4位	112位
格式前缀(1111 1111)	标志	作用域的范围	组ID

图 2-13　组播地址结构

组播地址中后面 4 个字段的解释如下。

- 格式前缀:组播地址的前缀是 FF00::/8(1111 1111)。
- 标志:该字段表示在组播地址上设置的标志,长度为 4 位,目前只使用了最后一位(前 3 位必须置 0)。当该值为 0 时,表示当前的组播地址是由 IANA 所分配的一个永久分配地址;当该值为 1 时,表示当前的组播地址是一个临时组播地址(非永久分配地址)。
- 范围:该字段表示组播地址的作用范围,大小为 4 位。RFC4291 文档定义的组播地址的范围如表 2-3 所示。
- 组 ID:该字段长度为 112 位,用以标识组播组。目前,RFC2373 并没有将所有的 112 位都定义成组标识,而是建议仅将该 112 位的最低 32 位作为组播组 ID,将剩余的 80 位都置为 0,这样,每个组播组 ID 都可以映射到一个唯一的以太网组播 MAC 地址。

表 2-3　RFC4291 文档定义的组播地址的范围

值	范　围	说　明
0	保留	
1	接口本地	局限于接口
2	链接本地	
3	保留	
4	管理本地	定义了包含非自动管理配置的最小范围
5	站点本地	
6	未分配	
7	未分配	
8	组织本地	涵盖了属于同一组织的多个站点
9	未分配	
A	未分配	
B	未分配	
C	未分配	
D	未分配	
E	全局	
F	保留	

RFC3513 和 RFC4291 等文档定义了一些特殊的组播地址,分别为所有节点组播地址(All-nodes Multicast Addresses)、所有路由器组播地址(All-routers Multicast Addresses)和请求节点组播地址(Solicited-node Multicast Addresses)。

(1) 所有节点组播地址

所有节点组播地址标识了所有节点所属的组,用于接口本地和链接本地。所有节点组播地址为:

- ff01::1——节点本地作用域所有节点地址;

- ff02::1——链接本地作用域所有节点地址,该地址用于邻居发现和无状态地址自动配置。

（2）所有路由器组播地址

所有路由器组播地址标识了所有路由器所属的组,用于节点本地、链接本地和站点本地。所有路由器组播地址为:

- ff01::2——节点本地作用域所有路由器地址;
- ff02::2——链接本地作用域所有路由器地址,该地址常用于无状态地址自动配置;
- ff05::2——站点本地作用域所有路由器地址。

（3）请求节点组播地址

请求节点组播地址的前缀为 ff02:0:0:0:0:1:ff00::/104。请求节点组播地址是通过获得单播或任播地址的低 24 位,并将其附加在请求节点组播地址前缀后面而构成的。例如,如果一个单播地址为 2001:db8:7654:3210:fedc:ba98:7654:3210,那么相应的请求节点组播地址为 ff02:0:0:0:0:1:ff54:3210。

一些众所周知的组播地址如表 2-4 所示。

表 2-4　众所周知的组播地址

	IPv6 众所周知的组播地址	IPv4 众所周知的组播地址	组播组
节点-本地范围	FF01::1	224.0.0.1	所有节点组播地址
	FF01::2	224.0.0.2	所有路由器组播地址
链路-本地范围	FF02::1	224.0.0.1	所有节点组播地址
	FF02::2	224.0.0.2	所有路由器组播地址
	FF02::5	224.0.0.5	OSPF 所有路由器
	FF02::6	224.0.0.6	OSPF DR/BDR
	FF02::9	224.0.0.9	RIP 路由器
	FF02::D	224.0.0.13	所有 PIM 路由器
站点-本地范围	FF05::2	224.0.0.2	所有路由器组播地址
任何有效范围	FF0X::101	224.0.1.1	网络时间协议

上述内容介绍了 3 种类型的 IPv6 地址,它们之间的区别如下。

单播地址允许源节点向单一目标节点发送数据报。组播地址允许源节点向一组目标节点发送数据报。而任播地址则允许源节点向一组目标节点中的一个节点发送数据报,且这个节点由路由系统选择,对源节点透明。同时,路由系统选择"最近"的节点为源节点提供服务,从而在一定程度上为源节点提供更好的服务,减轻网络负载。

此外,每一个网络接口能够配置的 IPv6 地址为链路本地地址、单播地址(可以是一个唯一本地地址和一个或多个可聚集全球地址)、回环接口的回环地址(::1)。

主机还必须监听如下组播地址:节点本地范围内所有节点组播地址(FF01::1)、链路本地范围内所有节点组播地址(FF02::1)、请求节点组播地址(如果主机的某个接口加入请求节点组)、组播组组播地址(如果主机的某个接口加入任何组播组)。

2.4 IPv6 接口标识符

IPv6 单播地址中的接口标识符用来标识链路上的某个接口,类似于 IPv4 地址中的主机号,并且在该链路上必须是唯一的。

RFC4291 规定:对于所有的单播地址,除了那些以前缀 000(::/3)开始的单播地址外,其接口标识符都是 64 位,而且都具有修改了的 EUI-64(64 bit Extended Unique Identifier)格式。也就是说,IPv6 接口标识符是以 EUI-64 为基础,并通过对其加以修改得到的。

EUI-64 是 IEEE 定义的一种网络接口寻址的新标准,它类似于 48 位网卡的 MAC 地址或 IEEE 802 地址,与二者的不同之处在于,厂家 ID 仍然是 24 位,但扩展 ID 是 40 位而不是 24 位。这给网络适配器制造商提供了巨大的地址空间。

EUI-64 可以通过 IEEE 802 地址映射获得,具体方法是:首先将 IEEE 802 地址最左边的 24 位置于接口 ID 的最左边 24 位;然后取 24 位的扩展 ID(以太网地址的最右边 24 位),将其置于接口 ID 的最右边 24 位;最后将接口 ID 中间剩下的 16 位设置为 1111 1111 1111 1110,即十六进制值 FFFE,就得到了 EUI-64。

IPv6 接口标识符(修改了的 EUI-64)是在 EUI-64 地址的基础上反转形成的,具体做法为:将左边第 7 位由 0 改为 1,具体转换过程如图 2-14 所示。

在图 2-14 中,首先,将 MAC 地址 00-60-97-8F-6A-4E 中的 00-60-97 取出,并将其平均分成两部分,每部分长度为 24 位,分别为厂家 ID 和扩展 ID;其次,在两者之间插入 4 位十六进制数 FFFE,得到 64 位地址信息,即 EUI-64;最后,将 EUI-64 中的第 7 位由 0 修改为 1,这样第 1 个字节的十六进制数由 00 变为 02。经过上述处理之后,最终获得的 IPv6 接口标识符为 02-60-97-FF-FE-8F-6A-4E,可用 IPv6 冒分十六进制表示为 0260:97FF:FE8F:6A4E。

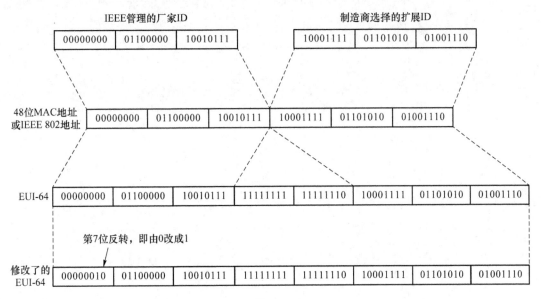

图 2-14 IPv6 接口标识符(修改了的 EUI-64)的创建过程

2.5 IPv6 地址配置方式

所谓 IPv6 地址配置,就是指为终端和节点分配 IPv6 地址,其配置方式可以分为手动配置和自动配置两种。手动配置由网络管理员根据所规划的地址手工配置完成。自动配置是指当主机和网络节点从物理上接入网络之后,自动配置其网络接口的过程,这种自动配置的方式分为有状态地址自动配置和无状态地址自动配置两种。

(1) 有状态地址自动配置

有状态地址自动配置主要以 IPv6 动态主机配置协议为基础,具体为:一个 DHCPv6 服务器拥有一个 IPv6 的地址池,主机通过 DHCPv6 服务器获得其 IPv6 地址、一些有关的配置信息及网络参数(如默认网关、DNS 服务器、MTU 值等),由此达到自动设置主机 IPv6 地址的目的。这种自动配置 IP 地址的方式与 IPv4 网络中所采用的动态主机配置协议的原理是一样的。

(2) 无状态地址自动配置

无状态地址自动配置不需要主机手工配置地址,也不需要额外的服务器,主要利用 ICMPv6 数据报文中的路由器请求报文(Router Solicitation,RS)、路由器通告报文(Router Advertisement,RA)、邻居请求报文(Neighbor Solicitation,NS)和邻居通告报文(Neighbor Advertisement,NA)来完成其地址自动配置。其中,主机通过路由器请求报文和路由器通告报文获取相关网络参数(包括网络号、网关、MTU 等信息),通过邻居请求报文和邻居通告报文检测无状态地址自动配置的地址是否与现有地址冲突,即重复地址检测(Double Address Detection,DAD)。

第3章 IPv6的基本首部和扩展首部

3.1 引 言

　　IPv4 和 IPv6 在功能上没有明显的区别。对于 IPv4 基本首部长度不固定和字段数过多等问题,IPv6 通过设计扩展首部加以解决。IPv4 的基本首部有 12 个字段,长度为 20～60 字节。在 IPv6 引入扩展首部后,IPv6 的基本首部得以简化,只包含 8 个字段,长度固定为 40 字节。

　　与 IPv4 基本首部的选项字段不同,人们把 IPv6 的每个扩展首部看作一个独立的高层协议。由于 IPv6 基本首部和扩展首部中下一个首部字段的长度为 8 位,所以 IPv6 理论上可以设计 256 种扩展首部。当然,广义上的 IPv6 扩展首部也包括传输层的 TCP、UDP 以及网络层的 ICMPv6 等。

3.2 IPv4 的基本首部

　　在学习 IPv6 的基本首部之前,我们先回顾一下 IPv4 的基本首部,以便与 IPv6 的基本首部做对比。IPv4 基本首部的结构如图 3-1 所示。

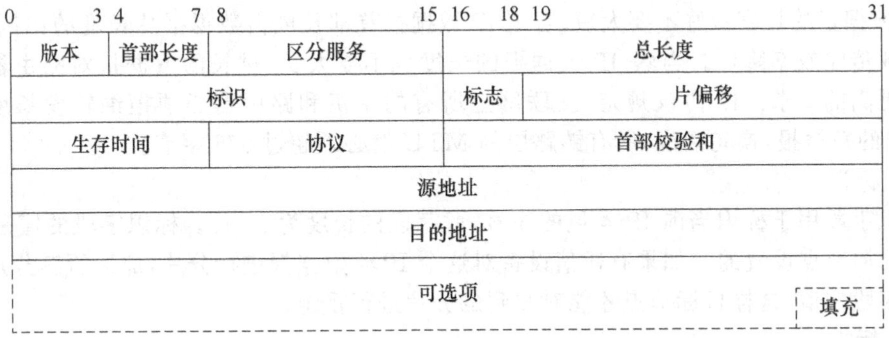

0 　　3 4 　　7 8 　　　　　　15 16 　18 19 　　　　　　31

版本	首部长度	区分服务	总长度		
标识			标志	片偏移	
生存时间		协议	首部校验和		
源地址					
目的地址					
可选项				填充	

图 3-1　IPv4 基本首部的结构

（1）版本

版本字段表示 IP 协议的版本，此字段的长度为 4 位，在 IPv4 中设置为 4。

（2）首部长度

首部长度字段的长度为 4 位，它的数值单位是字（1 个字＝4 字节＝32 位）。由于该字段长度只有 4 位，最大值为 15，所以 IPv4 基本首部长度的最大值为 15 个字，也就是 60 字节。因为 IPv4 的基本首部有多个选项字段，所以 IP 数据报基本首部的长度是可变的，需要设计首部长度字段来标识首部长度。当没有选项字段时，基本首部长度是 5 个字，首部长度字段的二进制值为 0101，这 5 个字是固定的首部长度，也是首部长度的最小值。这种首部长度为 20 字节的数据报是最常见的。

（3）区分服务

区分服务（Differentiated Service，DS）字段的长度为 8 位，这个字段以前叫作服务类型（Type of Service，ToS），后来 IETF 将该字段改名为区分服务。

DS 字段希望在不改变网络基础结构的前提下，使路由器可以对不同的数据报提供不同的服务。路由器会根据 DS 字段的值对分组进行区别处理。也就是说，数据报不再通过尽力交付的策略被分发，DS 字段做了特殊标记的数据报会以不同于一般数据报的方式（如以更高的优先级）被处理。

DS 字段分为两部分：前 6 位为区分服务码点（Differentiated Services Code Point，DSCP）；后面两位叫作显式拥塞通知（Explicit Congestion Notification，ECN）。其中，ECN 字段可为数据报标记拥塞。假如一个持续拥塞的路由器希望把自己的情况告知发送方，让发送方通过降低发送速度来缓解拥塞，它就需要利用 ECN 字段。拥塞的路由器会将 ECN 字段的值设置为拥塞。接收方收到 ECN 被标记为拥塞的分组时，会让其上层协议（如 TCP 协议）将这种情况通知发送方。发送方收到接收方响应报文的通知后，就会降低发送速度，路由器的拥塞情况就会得到缓解。

（4）总长度

总长度（Total Length，TL）字段的长度为 16 位，即 2 字节，它表示整个数据报的总长度，包括基本首部和数据部分，单位为字节。通过总长度字段和首部长度字段，我们可以计算出数据报有效数据的起点和终点。

理论上，IPv4 数据报的长度最长可以达到 65 535（$2^{16}-1$）字节。数据链路层协议规定：最大传输单元（Maximum Transmission Unit，MTU）一般少于 2 000 字节。数据报的总长度一般大于对应链路层所规定的 MTU。例如，以太网规定 MTU 值为 1 500 字节，远远小于 65 535 字节。对于长度过长的数据报，我们必须对其进行分片处理。

IP 数据报的长度最好不要太短，否则 IP 数据报首部长度占数据报总长度的比例会过大，从而导致传输效率降低。当然，IP 数据报的长度也不要太长，过长的数据报对路由器的转发速度有更高的要求。IP 协议规定，互联网上所有的主机和路由器必须拒绝转发长度不超过 576 字节的数据报，换句话说，所有链路层的 MTU 值必须超过 576 字节。

（5）标识

标识字段用于标识当前 IPv4 包的序号，此字段的长度为 16 位。标识字段的值是由 IPv4 数据报的源节点设置的。如果有通信设备对这个 IPv4 数据报进行分片，那么所有分片都要保留标识字段的值，这样目标节点才能对收到的分片进行重组。

（6）标志

标志（Flag）字段的长度为 3 位。第 1 位为 0，表示保留或未使用。第 2 位称为不分片（Do not Fragment，DF），如果 DF 为 1，则该数据报不应该被分片；如果 DF 为 0，则可以根据需要对数据报进行分片。第3位是更多分片标志(More Fragments Flag),若更多分片标志字段值为0,则表示该分片是数据报的最后一个分片;若为1,则表示后面还有更多的分片。如果数据报未被分片,那么就可以将整个数据报看成一个分片,此时将有更多分片标志被置为0。

（7）片偏移

片偏移字段用于表示数据报当前分片有效载荷的起始位置在原始IPv4有效负载部分的相对位置。此字段长度为13位,数值单位为8字节。例如,某个分片数据报的第一个字节在原始数据报中的序号为1000,则该字段值设置为125。从本质上来看,片偏移字段为接收端指示了当前分片数据报与其他分片数据报之间的前后关系。如果数据报未被分片,那么片偏移字段值为0。

（8）生存时间

生存时间(Time-To-Live, TTL)字段表示IPv4数据报在传输时经过的最大链路数,长度为8位。TTL字段最初被定义为数据报在网络中存活的时间(以秒为单位)。IPv4路由器计算发送IPv4数据报所需要的时间,并将这段时间从TTL中减去。然而,现代路由器总能在一秒内将包发送完,而根据RFC791的定义,TTL的减少量最小只能是1。因此,TTL就被重新定义为最大链路计数器,该值由发送节点设置,每经过一个路由器,TTL自动减1。当中间网络设备收到TTL为0的数据报时,接收设备就会向源设备发送一条ICMPv4超时(传输时超出生存时间)的消息,并丢弃此数据报。

（9）协议

协议字段长度为8位,用于标识IPv4数据报有效负载的上层协议。例如:若此字段值为6,则数据报上层协议是TCP;若为17,则数据报上层协议是UDP;若为1,则上层协议为ICMPv4。

（10）首部校验和

首部校验和字段只存在于IPv4首部,长度为16位。IPv4在计算校验和时不会将IPv4有效负载包含在内,因为IPv4有效负载通常有自己的校验和。每个收到IPv4数据报的节点都会验证首部校验和,并自行丢弃验证失败的IPv4数据报。当IPv4数据报被路由器转发时,这个数据报的TTL值一定会降低。因此,从源端到目的端的每个路由器在每次转发数据报时都要重新计算校验和,这增加了路由器的负载。数据报首部校验和的计算采用16位二进制反码求和算法,其计算过程如图3-2所示。

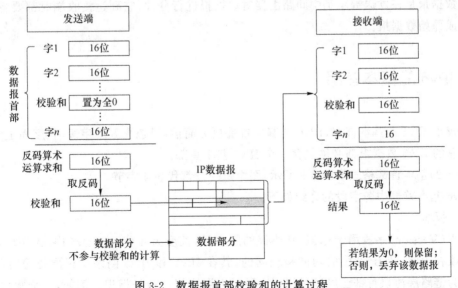

图 3-2　数据报首部校验和的计算过程

（11）源地址

源地址字段存储了最初发送方主机的 IPv4 地址，长度为 32 位。

（12）目的地址

目的地址字段存储了目的主机地址或中间节点的 IPv4 地址（若进行源路由），长度为 32 位。

（13）可选项

可选项字段存储一个或多个 IPv4 选项字段。此字段的长度必须是 32 位（4 字节）的整数倍。若某个可选项字段的长度不足 32 位，就必须添加填充项以保证 IPv4 首部是 4 字节的整数倍，只有这样基本首部长度字段才能用整数值表示数据报首部的长度。

可选项包括选项、填充，下面分别进行介绍。

① 选项（Options）。选项字段为可选字段，可以出现在 IP 数据报中，也可以不出现在 IP 数据报中。该字段长度可变。大多数数据报都没有该字段。常见的选项字段有源路由选项、时间戳选项以及用来增强 Traceroute 程序的跟踪路由选项。

② 填充（Padding）。如果基本首部使用了选项字段，而这些选项字段的总长度不是 32 比特的整数倍时，那么就需要在基本首部的填充字段补充比特 0，使得选项字段和填充字段长度之和为 32 比特的整数倍。

由以上分析可知：每个数据报必须设置 12 个基本字段；选项字段可以根据需要设置，但选项字段内容的长度之和不能超过 40 字节。IPv4 基本首部中的部分字段在传输过程中需要中间路由器进行处理，例如，校验和字段需要每个中间路由器进行计算。此外，如果数据报长度超过所经过网络的 MTU，路由器需要对数据报进行分片操作。这些处理增加了路由器的负载，降低了路由器的存储、转发性能。这些问题在 IPv6 中得到了改进。

IP 协议的设计初衷是可以适应各种传输链路，但大多数传输链路都受到 MTU 的最大传输单位长度的限制。当传输路径的 MTU 小于发送端的 MTU 时，IP 协议允许路由器对 IP 数据包进行分片，以适应网络对 MTU 值的要求。当路由器收到一个长度大于其出口所在网络 MTU 值的数据报时，就可以通过设置 IP 首部的 3 个字段（标识、标志和片偏移）值进行分片。但无论数据报是在发送端还是中间路由器对数据报进行分片，它到达接收端时都要将这些分片重组成原始数据报。

3.3 IPv6 的基本首部

相较于 IPv4 的基本首部，IPv6 的基本首部更为简洁，只包含 8 个字段，长度固定为 40 字节。所有的 IPv6 数据报都必须包含一个 IPv6 基本首部。

IPv6 的基本首部格式如图 3-3 所示，图中每一行都代表 4 字节。

IPv6 基本首部中各字段的介绍如下。

（1）版本

版本（Version）字段用于标识 IP 协议的版本号，长度为 4 位，在 IPv6 中，该字段值为 6。版本字段在 IPv4 和 IPv6 中的功能是相同的，其在 IPv4 和 IPv6 网络协议层传输时用不到。这是因为链路层协议首部已经通过协议字段对上层协议进行了标识。例如，一个常用的以太

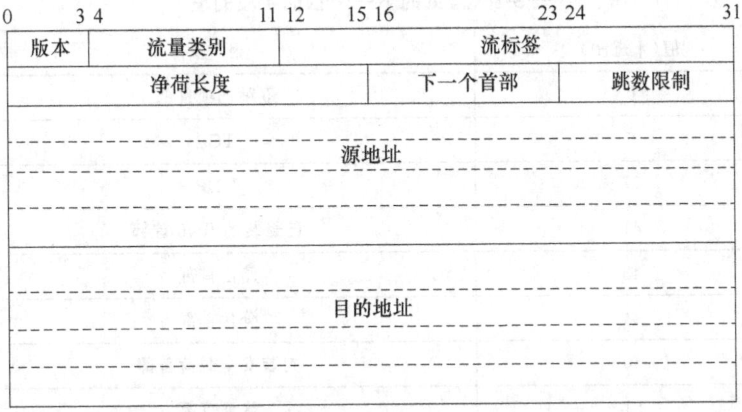

0	3 4	11 12	15 16	23 24	31

图 3-3　IPv6 的基本首部格式

网链路层封装协议会使用长度为 16 位的协议类型字段来标识以太网帧的上层协议。在 IPv4 数据报中,以太网链路层数据帧的上层协议类型字段值设置为 0x0800,而在 IPv6 数据报中,这个字段值则设置为 0x86DD。因此,数据报网络层协议是 IPv4 还是 IPv6 可以通过以太网上层协议字段值来确定。

(2) 流量类别

流量类别(Traffic Class)字段的长度为 8 位,源节点通过为该字段设置不同的值来生成不同类别和优先级的流量,中间路由器会根据每个分组的流量类别来转发分组。在默认情况下,源节点会将流量类别字段设置为 0。

(3) 流标签

流标签(Flow Label)字段的长度为 20 位,其用于区分具有不同流量类型的流。数据报的源节点用一个非零的流标签来标识一个独立的"流",如一个特定的应用程序数据流。流标签可保证路由器按照优先级发送数据报,如优先发送实时数据(包括语音和视频)。如果源节点没有将原始流量与流联系起来,就必须将这个字段设置为 0。在通往目的节点的途中,不能对流标签字段进行修改。

(4) 净荷长度

净荷长度(Payload Length)字段的长度为 16 位,用于表示 IPv6 基本首部后的负载(也就是数据报的数据部分)长度,以字节为单位。净荷长度包括扩展首部和上层协议数据单元数据。IPv6 的净荷长度字段与 IPv4 首部中的数据报总长度字段类似,但两者之间存在非常大的差别:IPv4 的数据报总长度字段包含 IPv4 基本首部和数据的长度;而 IPv6 的净荷长度字段仅表示数据报数据部分的字节数,而不包含 IPv6 基本首部的长度。

由于净荷长度字段的长度为 16 位,因此它能够表示上限为 65 535 字节的 IPv6 净荷负载。对长度超过 65 535 字节的净荷负载的数据报,其净荷长度字段会被设置为 0,并利用逐跳(Hop-by-Hop)选项扩展首部中的超大净荷负载(Jumbo Payload)选项字段来设置数据报的实际长度。

(5) 下一个首部

下一个首部(Next Header)字段的长度为 8 位,这个字段中包含的数字可以标识紧跟在 IPv6 基本首部后面的上层协议或扩展首部。常见的下一个首部字段的值如表 3-1 所示。

表 3-1　常见的下一个首部字段的值

值（十进制）	报　头
0	逐跳选项首部
6	TCP
17	UDP
41	已封装的 IPv6 首部
43	路由首部
44	分片首部
50	封装安全载荷首部
51	认证首部
58	ICMPv6
59	没有下一个首部
60	目的选项首部

（6）跳数限制

跳数限制（Hop Limit）字段的长度为 8 位，这个字段给出了在传向目的节点的过程中，指定数据报可以被路由器转发的次数。每个转发此数据报的路由器把这个值减 1。如果路由器收到跳数限制值为 0 的数据报，则路由器会将 ICMPv6 超时信息报文发送到源主机并丢弃该数据报。跳数限制字段类似于 IPv4 的 TTL 字段。

（7）源地址

源地址（Source Address）字段的长度为 128 位，是 IPv4 地址长度的 4 倍，这个字段的值使用该数据报源节点的 IPv6 地址来设置。源地址是最初发送该数据报的节点地址，且必须是单播地址。

（8）目的地址

目的地址（Destination Address）字段的长度为 128 位，这个字段采用数据报目的节点的 IPv6 地址进行设置。在大多数情况下，目的地址字段都会被设置为最终目的主机的地址。但如果数据报采用路由扩展首部，则目的地址字段就会被设置为下一跳中间路由器的地址。目的地址也可以被设置为组播地址，实现数据报从一个源点发送到多个目的主机的通信。

3.4　IPv6 基本首部与 IPv4 基本首部的对比

通过对比分析 IPv4 和 IPv6 基本首部的结构，可以发现在两种基本首部中唯一保持同样含义和同样位置的是版本字段。如果版本号为 4（二进制的 0100），那么就是 IPv4 的数据报；如果版本号为 6（二进制的 0110），那么就是 IPv6 的数据报。

3.4.1　IPv6 基本首部的优化

相对于 IPv4 基本首部来说，IPv6 基本首部的一个重要改进是对基本首部进行了简化，这种简化主要体现在以下 3 个方面。

(1) 去掉了 IPv4 基本首部长度字段

虽然 IPv4 基本首部设置了选项字段,但在实际应用中这些选项字段很少被使用,所以 IPv6 基本首部便不再设置选项字段,也就是说,IPv6 基本首部的长度是固定的。因此,IPv6 基本首部去除了基本首部长度字段,简化了基本首部的格式。由于 IPv6 基本首部没有选项字段,所以中间路由器不用再去处理这些选项字段,这提高了路由器的数据报转发性能。

(2) 去掉了 IPv4 基本首部的校验和字段

IPv6 去掉 IPv4 基本首部校验和字段的优点在于,减少了中间路由器处理数据报的开销,因为数据报在每次转发过程中并不需要检查和更新数据首部校验和,但这样做可能会导致网上出现路由出错的数据报。然而,由于大多数数据报在封装成数据帧的过程中都会添加数据帧校验和,因此数据报基本首部出现错误的可能性会降到最低。实际上,在 IEEE 802 网络的介质访问控制过程、串线链路的点对点协议的帧处理过程中都设置有相应的帧校验和,同时传输层协议也设置了校验和字段,这进一步降低了因数据报 IP 基本首部出现错误而带来的风险。

(3) 去掉了 IPv4 中间路由器的分片工作

当数据报文因尺寸过大而无法在当前网络中传输时,IPv4 可以通过中间路由器进行分片操作,这样发送方在发送长度较大的数据报时就不必担心网络的中继能力了。只要数据报长度超过当前网络的 MTU,该数据报就会被中间路由器拆分成尺寸更小的分片数据报。接收方收到所有分片数据报之后会根据分片字段值重组该数据报。但数据报的分片数量越多,整个数据报成功到达接收方的概率就会越低。如果想通过一个只能传送小分片数据报的网络去传输大数据报,那么数据报传输的成功率取决于每一分片数据报传输的成功率。如果有一个分片数据报丢失了,那么整个数据报都要重传,这样会极大地降低网络的传输效率。

IPv6 数据报的分片依靠分片扩展首部来完成,中间路由器不再对数据报进行分片。IPv6 数据报的分片规则是:发送主机通过一个被称为"路径 MTU 发现"(Path MTU Discovery, PMTU) 的机制,探测发送方到接收方所经过的所有链路所支持的最小 MTU,发送方根据这个探测到的 MTU 值对要发送的数据报进行分片。如果发送方试图发送长度过大的数据报,那么这些数据报就会被网络直接丢弃。这样,由于数据报分片工作在发送端完成,因此在 IPv6 基本首部中也就无须设置与分片相关的控制字段(如数据报标识符、分片标志及偏移值等字段)了。

3.4.2　IPv6 和 IPv4 基本首部字段的异同

(1) 名称相同的字段

① 版本。两个协议都有该字段并且名称相同,在 IPv4 中该字段值为 4,而在 IPv6 中该字段值为 6。

② 源地址和目的地址。这两个字段在 IPv4 和 IPv6 中都有并且名称相同,但字段长度不同,这两个字段在 IPv4 中的长度为 32 位,而在 IPv6 中的长度为 128 位。

(2) 功能基本相同但名称发生变化的字段

① 区分服务(IPv4)与流量类别(IPv6)。区分服务字段的长度为 8 位,前 6 位表示 IPv4 数据报的优先级,后 2 位表示时延、吞吐量和可靠性。而 IPv6 在设计时就规定了使用长度为 8 位的流量类别字段表示数据报的服务类别。

② 总长度(IPv4)与净荷长度(IPv6)。总长度字段包含 IPv4 基本首部和数据部分的长

度,而净荷长度字段仅用于标识数据报数据部分的长度,包含扩展首部以及上层协议数据,但不包括 IPv6 基本首部。

③ 生存时间 (IPv4)与跳数限制(IPv6)。这两个字段在 IPv4 和 IPv6 中的功能相似,只是"跳数限制"这个字段名称更能反映该字段的实际意义。

④ 协议(IPv4)与下一个首部(IPv6)。协议字段用于标识 IPv4 上层协议所承载的协议类型,下一个首部字段也提供了相同的功能,同时它还能标识 IPv6 基本首部之后的扩展首部。

(3) 在 IPv4 基本首部中存在而在 IPv6 中被取消的字段

① 首部长度 (IPv4)。由于 IPv6 基本首部的长度固定为 40 字节,因此 IPv6 不再需要设置该字段。

② 标识(IPv4)、标志(IPv4)以及片偏移(IPv4)。IPv4 数据报利用这 3 个字段对数据报进行分片操作,而 IPv6 则采取不同的分片处理方式,即使用分片扩展首部在发送端进行分片操作。

③ 首部校验和(IPv4)。由于二层数据链路层协议会执行数据帧校验和,上层协议(如 ICMP、TCP 和 UDP)也设置了校验和字段,因此在网络层执行首部校验就显得多余了。对于 UDP 校验和来说,因为在 IPv4 基本首部中存在校验和字段,所以在 IPv4 中设置 UDP 校验和字段是可选操作,但由于 IPv6 取消了 IP 首部校验和字段,所以设置 UDP 校验和字段是必需的。

④ 选项(IPv4)。IPv4 中的选项字段被 IPv6 中的扩展首部字段取代,IPv6 设计了 6 个扩展首部,完全覆盖了 IPv4 选项字段的功能。

⑤ 填充(IPv4)。由于 IPv6 基本首部的长度固定为 40 字节,因此无须设置填充字段来确保其长度为 32 位的整数倍。

(4) IPv6 基本首部中新增的字段

流标签(IPv6)字段是 IPv6 基本首部的新增字段。流标签字段用于标记数据报的优先级,以便使 IPv6 路由器对具有优先处理业务需求的数据报进行特殊处理。

IPv4 和 IPv6 基本首部字段的异同如表 3-2 所示。

表 3-2 IPv4 和 IPv6 基本首部字段的异同

版本	字段名称相同,但是字段值不同
首部长度	已从 IPv6 中删除。IPv6 不包括首部长度字段,因为 IPv6 基本首部的长度固定为 40 字节
区分服务	已被 IPv6 的流量类别字段取代
总长度	已被 IPv6 的净荷长度字段取代,这个字段仅表示数据部分的长度
生存时间	已被 IPv6 的跳数限制字段取代
标识、标志、片偏移	已从 IPv6 中删除。分片信息并不在 IPv6 基本首部中,而是在分片扩展首部中
协议	已被 IPv6 的下一个首部字段取代
首部校验和	已从 IPv6 中删除。链路层的校验和会对整个 IPv6 数据报执行比特层面的错误检测
源地址	保留,但在 IPv6 中的长度为 128 位
目标地址	保留,但在 IPv6 中的长度为 128 位
选项	已从 IPv6 中删除,并被 IPv6 中的扩展首部字段取代
填充	已从 IPv6 中删除
流标签	IPv6 基本首部的新增字段

3.5　IPv4 数据报和 IPv6 数据报在路由器中转发过程的比较

由于路由器在网络层工作,所以它会根据数据报基本首部字段的相关信息进行数据报的转发。因为 IPv4 基本首部与 IPv6 基本首部中有许多不同的字段,所以 IPv4 数据报和 IPv6 数据报在路由器中的转发过程也会有所不同。通过比较 IPv4 数据报和 IPv6 数据报转发过程的差异,我们可以从另外一个角度阐述两种协议在网络层的差异。

为了转发一般的 IPv4 数据报,路由器通常会进行如下操作。

① 路由器对基本首部校验和进行检测,即计算刚收到的数据报基本首部的校验和并将其与存储在 IPv4 基本首部中的校验和字段值进行比较。如果二者不同,直接丢弃该数据报,并告诉发送方存在的问题;如果二者相同,则进入第②步。

② 路由器对版本字段进行检测。

③ 路由器将 TTL 字段的值减 1。如果减完后的 TTL 值等于 -1,就向数据报发送方发送 ICMPv4 超时消息(消息类型为 Live Exceeded),通知发送方该数据报超过了传输中所设定的生存时间,并丢弃该数据报。如果 TTL 值大于或者等于 0,就转发该数据报。

④ 路由器检查是否存在 IPv4 基本首部选项。如果存在,就对这些基本首部进行处理。

⑤ 路由器通过数据报基本首部中的目的 IP 地址和路由表的条目来确定数据报转发的下一跳节点的 IPv4 地址。如果没有找到相应的路由条目,路由器就会向该数据报的源设备发送 ICMPv4 目标不可达消息(消息类型为 Host Unreachable),并丢弃这个数据报。

⑥ 如果路由器转出接口的 MTU 值小于总长度字段值,并且 DF 字段被设置为 0,则执行数据报分片操作。如果路由器转出接口的 MTU 值小于总长度字段的值,并且 DF 标签被设置为 1,路由器就会向该数据报的发送方发送 ICMPv4 目标不可达消息(消息类型为 Fragmentation Needed),并丢弃这个数据报。

⑦ 路由器重新计算数据报基本首部校验和的值,并将该值赋给数据报校验和字段。

⑧ 路由器使用合适的转出接口转出该数据报。至此,路由器转发数据报过程结束。

在转发普通的 IPv6 数据报时,路由器通常会按如下步骤进行操作。

① 路由器对数据报的版本字段进行检测。如果数据报版本号不为 6,则直接丢弃。

② 路由器递减数据报跳数限制字段的值。路由器收到数据报之后,将跳数限制字段值减 1。如果新的跳数限制字段值等于 -1,路由器就会向发送方发送 ICMPv6 超时消息(消息类型为 Hop Limit Exceeded),告知发送方该数据报超过了所设定的生存时间,并丢弃该数据报。如果新的跳数限制字段值大于或等于 0,路由器就会检查 IPv6 基本首部的下一个首部字段的值是不是 0。如果是 0,路由器就会处理逐跳选项扩展首部。

③ 路由器通过数据报目的 IPv6 地址和本地路由表的条目来确定数据报转发的下一跳节点的 IPv6 地址。如果没有找到相应的路由条目,路由器就会向数据报的发送方发送 ICMPv6 目标不可达消息(消息类型为 No Route To Destination),并丢弃这个数据报。

④ 如果数据报转出接口的链路 MTU 值小于净荷长度和基本首部长度值(40 字节)的总和,路由器就会向数据报的发送方发送 ICMPv6 数据报过长消息(消息类型为 Packet Too

Big），并丢弃该数据报。

⑤ 路由器使用合适的转出接口转发该数据报。

根据上述路由器对 IPv4 和 IPv6 数据报的转发过程来看,IPv6 的路由器只需要更为简单的关键指令集,这些关键指令集是路由器转发 IPv6 数据报时通常会执行的操作。同时,IPv6 数据报的转发过程也比 IPv4 数据报的转发过程简单得多,因为前者不需要中间转发路由器对数据报的校验和进行检测并重新计算基本首部校验和,也不需要中间转发路由器对数据报进行分片操作,同时也不需要中间转发路由器处理那些本来就不该由其处理的 IPv4 基本首部的可选项字段。

3.6 IPv6 扩展首部

在 IPv4 的数据报中,可选项是放在 IPv4 基本首部中的。因此,每台中间路由器都必须检查这些可选项是否存在,如果存在,则需进行处理。然而,上述操作会降低路由器转发 IPv4 数据报的性能。但在 IPv6 中,IPv4 基本首部中部分字段和可选项字段所实现的功能可通过扩展首部来实现。

目前,RFC2460 规定所有 IPv6 节点必须支持的 IPv6 扩展首部有 6 种,分别为逐跳选项扩展首部（Hop-by-Hop Options Extension Header）、目的选项扩展首部（Destination Options Extension Header）、路由扩展首部（Routing Extension Header）、分片扩展首部（Fragment Extension Header）、认证扩展首部（Authentication Extension Header）和封装安全净荷扩展首部（Encapsulating Security Payload Extension Header）。

每个扩展首部的长度必须是 8 字节的整数倍。长度固定的扩展首部的长度为 8 字节的整数倍,如分片扩展首部;而长度可变的扩展首部中有一个扩展首部长度字段,有时候需要使用填充字段,以确保扩展首部的长度是 8 字节的整数倍,如逐跳选项扩展首部。

表 3-3 列出了基本规范中定义的所有扩展首部的字段值。

表 3-3　基本规范中定义的所有扩展首部的字段值

名　称	字段值
逐跳选项扩展首部	0
目的选项扩展首部	60
路由扩展首部	43
分片扩展首部	44
认证扩展首部	51
封装安全净荷扩展首部	50

对 IPv6 功能进行扩展的其他标准可能会定义其他的一些扩展首部,例如,移动 IPv6 就有它自己特有的扩展首部。

IPv6 引入扩展首部使得 IPv6 数据报与 IPv4 数据报的组成部分有一定的区别。IPv4 数据报一般由 IPv4 基本首部和上层协议数据组成,而 IPv6 数据报由 IPv6 基本首部、数量不定的扩展首部以及上层协议数据组成。IPv6 数据报通过下一个首部字段指向后一个扩展首部形成一个单链表,该链表的第一个节点为基本首部,最后一个扩展首部作为链表的最后一个节点,如图 3-4 所示。

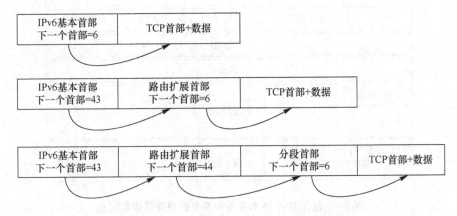

图 3-4 IPv6 首部中下一个首部所形成的指针链表

如果一个数据报的扩展首部所包含的下一个首部字段的值无法识别或有误,那么接收方就会丢弃这个数据报,并向源端发送 ICMP 参数错误消息(消息类型为 Unrecognized Next Header Type)。需要说明的是,除了 IPv6 基本首部的下一个首部字段值可以为 0 之外,后续扩展首部的下一个首部字段值均不能为 0,否则就会出现扩展首部值有误的情况,因此,逐跳选项扩展首部必须始终跟在 IPv6 基本首部之后。

在一个 IPv6 数据报中,可以不设置扩展首部,也可以设置多个扩展首部,如图 3-5 所示。其中,图 3-5 最上面的数据报没有设置扩展首部,中间的数据报设置了一个路由扩展首部,而下面的数据报设置了路由扩展首部和分片扩展首部。

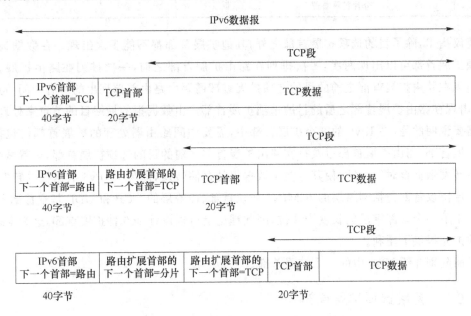

图 3-5 包含 0 个或多个扩展首部的 IPv6 数据报

为了更加形象地说明 IPv6 基本首部和扩展首部的关系,介绍一个包含 IPv6 基本首部和多个扩展首部的数据报,如图 3-6 所示。

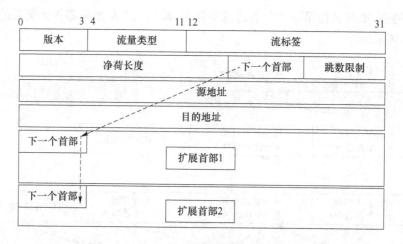

图 3-6　包含 IPv6 基本首部和多个扩展首部的数据报

　　IPv6 数据报设计了 6 个扩展首部,这些扩展首部在数据报中不能随机排列,如果一个 IPv6 数据报有多个扩展首部,RFC2460 建议 IPv6 基本首部之后的扩展首部按照表 3-4 所示的顺序进行排列。

表 3-4　扩展首部的建议顺序

序　号	扩展首部名称	序　号	扩展首部名称
1	逐跳选项扩展首部	5	认证扩展首部
2	目的选项扩展首部(由中间节点处理)	6	封装安全净荷扩展首部
3	路由扩展首部	7	目的选项扩展首部(由目的节点处理)
4	分片扩展首部		

　　建议指出,除了目的选项扩展首部之外,其他扩展首部都不能多次出现。在数据报中,目的选项扩展首部可以出现两次:一次排列在路由扩展首部之前,一次排列在路由扩展首部之后。出现在路由扩展首部之前的目的选项扩展首部需要由路由首部列出的所有中间节点来处理,而出现在路由扩展首部之后的目的选项扩展首部仅由数据报的最终目的节点来处理。

　　需要说明的是,在 IPv6 的 6 个扩展首部中,需要中间路由器处理的扩展首部仅包括逐跳选项扩展首部、路由扩展首部以及排在路由扩展首部之前的目的选项扩展首部,这就减少了路由器在转发数据报时的负载,使其专注于数据报的存储转发,提高了 IPv6 数据报的转发速度。

　　上层协议首部包括网络层的 ICMPv6 协议首部、传输层的 TCP 和 UDP 基本首部等。

　　由于下一个首部字段的长度为 8 位,因此理论上可以设计 256 种扩展首部,这为未来协议功能的扩充提供了便利。

　　下面分别介绍 IPv6 中的 6 个扩展首部。

3.6.1　逐跳选项扩展首部

1. 逐跳选项扩展首部的结构

　　包含逐跳选项扩展首部的数据报要求在传送路径上的每个节点都要检查该数据报,也就是说,从发送端到接收端之间所经过的每一个路由器都要对这个扩展首部中的选项信息进行检查,并按选项中规定的要求完成相应的操作。如果 IPv6 基本首部中的下一个首部字段值为 0,则表示该 IPv6 数据报中含有逐跳选项扩展首部。逐跳选项扩展首部的结构如图 3-7 所示。

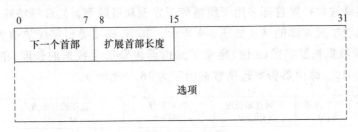

图 3-7　逐跳选项扩展首部的结构

逐跳选项扩展首部各字段的解析如下。

(1) 下一个首部(Next Header)

下一个首部字段包含下一个首部或者上层协议,用来标识紧跟在逐跳选项扩展首部之后的协议首部。

(2) 扩展首部长度(Extension Header Length)

扩展首部长度字段表示逐跳选项扩展首部的长度,字段值的长度为 8 字节。该字段值不包括逐跳选项扩展首部的前 8 字节,也就是说,对于一个长度为 8 字节的逐跳选项扩展首部来说,该字段的值设置为 0。如果该字段的值为 3,则该逐跳选项扩展首部的实际长度为 $4 \times 8 = 32$ 字节。填充选项用于确保该逐跳选项扩展首部的长度是 8 字节的整数倍。

(3) 选项(Options)

选项字段可以包括一个或多个选项,每个选项包括选项类型、选项数据长度和选项数据,采用类型-长度-值(Type-Length-Value,TLV)的格式编码。

2. 逐跳选项扩展首部应用案例

下面介绍两个逐跳选项扩展首部的应用案例。

(1) 具有超大净荷的逐跳选项扩展首部

具有超大净荷的逐跳选项扩展首部如图 3-8 所示,该扩展首部主要应用于数据报净荷值很大的网络。此时,选项类型字段的值为 194,对应的二进制数为 1100 0010。选项数据长度字段(长度为 8 位)用于定义选项数据的大小,单位为字节,它的固定值为 4,对应的二进制值为 0000 0100。选项数据字段的长度为 4 字节(32 位)。这样具有超大净荷的逐跳选项扩展首部的数据报的最大长度理论上可以达到 $2^{32} - 1$。此扩展首部打破了 IPv6 基本首部对净荷长度的限制。数据报净荷大于 65 535 字节的 IP 分组可使用具有超大净荷的逐跳选项扩展首部。

需要注意的是,这种数据报的基本首部中的净荷长度字段值为 0,只在具有超大净荷的逐跳选项扩展首部的选项数据字段中置入净荷长度。

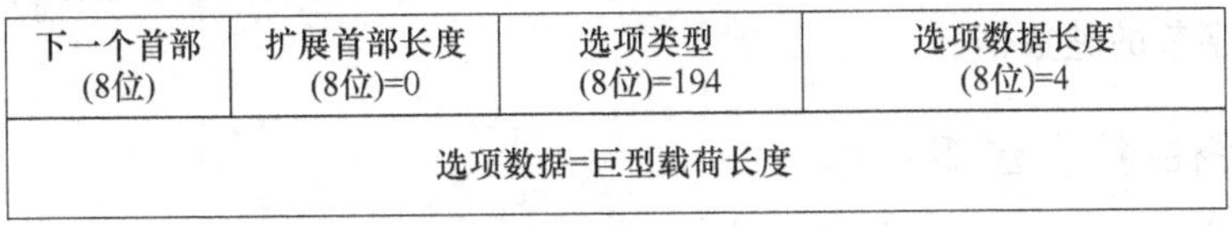

下一个首部 (8位)	扩展首部长度 (8位)=0	选项类型 (8位)=194	选项数据长度 (8位)=4
选项数据=巨型载荷长度			

图 3-8　具有超大净荷的逐跳选项扩展首部

（2）路由器告警逐跳选项扩展首部

路由器告警逐跳选项扩展首部用于通知中间路由器需要对包含该扩展首部的数据报进行特殊处理。该逐跳选项扩展首部多用于组播侦听发现和资源预留协议等特殊的数据报中。路由器告警逐跳选项扩展首部的格式如图 3-9 所示。其中，选项类型字段的值为 5，二进制值为 0000 0101。选项数据长度字段（8 位）定义了路由器告警选项数据的长度，单位为字节，固定值设置为 0000 0010。路由器告警选项数据固定为 16 个比特 0。

下一个首部 （8位）	扩展首部长度 （8位）=0	选项类型 （8位）=5	选项数据长度 （8位）=2
路由器告警选项数据 （16个比特0）			

图 3-9　路由器告警逐跳选项扩展首部的格式

3.6.2　目的选项扩展首部

目的选项扩展首部可以在同一个 IPv6 数据报中出现 2 次。如果目的选项扩展首部出现在路由扩展首部之后，则它是由数据报的最终目的节点来处理的。但是，如果目的选项扩展首部出现在路由扩展首部之前，则它是由紧跟在其之后的路由扩展首部列出的中间路由器来处理的。对目的选项扩展首部来说，其前一个首部的下一个首部字段的值为 60。图 3-10 为目的选项扩展首部的格式。

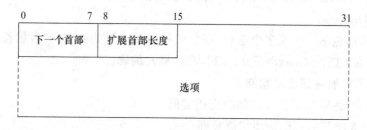

图 3-10　目的选项扩展首部的格式

目的选项扩展首部各字段的解析如下。

（1）下一个首部

下一个首部字段的长度为 8 位，用来标识紧跟在目的选项扩展首部之后的下一个扩展首部或上层协议首部。

（2）扩展首部长度

扩展首部长度字段用于标识目的选项扩展首部长度，其长度值单位为 8 字节，但在计算其长度时不考虑目的选项扩展首部的前 8 个字节。

（3）选项

选项字段包含一个或多个类型-长度-值的格式编码，长度是可变的，但要保证整个扩展首部的长度是 8 字节的整数倍。

3.6.3　路由扩展首部

1. 路由扩展首部的一般格式

执行源端路由选择的源节点用路由扩展首部列出了数据报在传输路径上要经过的所有中

间节点。对路由扩展首部来说,前一个首部的下一个首部字段的值为43。图3-11为路由扩展首部的一般格式。

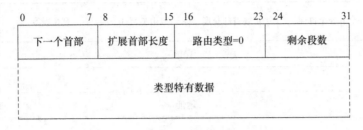

图 3-11 路由扩展首部的一般格式

（1）下一个首部

下一个首部字段的长度为8位,该字段包含协议号,用来标识紧跟在路由扩展首部之后的下一个扩展首部或者上层协议首部。

（2）扩展首部长度

扩展首部长度字段的长度为8位,用于表示路由首部长度,但不包括路由扩展首部的前8字节。

（3）路由类型（Routing Type）

路由类型字段的长度为8位,记录了路由首部的类型编号。IPv6中有多种类型的路由扩展首部,其中RFC2460定义了路由类型为0的路由扩展首部。

（4）剩余段数（Segments Left）

剩余段数字段表示IPv6数据报在到达最终目的节点之前需要经过的节点数量。显然,在该数据报刚发出的时候,这个值等于类型特有数据字段列出的IPv6地址数量;在该数据报到达目的主机的时候,这个值应该等于0。

当路由扩展首部的类型无法识别时,如果剩余段数字段的值为0,接收节点就会忽略它。在这种情况下,目的节点会从紧跟在无法识别的路由扩展首部之后的下一个扩展首部开始,继续对数据报进行处理。如果剩余段数字段的值不为0,目的节点就会丢弃数据报,并生成一条ICMPv6错误报文,发送给发生错误的数据报源端,通知源端出现了参数错误。

（5）类型特有数据（Type Specific Data）

类型特有数据字段的格式由路由类型决定,其长度是可变的,但是要保证其字节数是8字节的整数倍。该字段的长度一般为16字节,等于IPv6地址的长度。

2. 路由类型为0的路由扩展首部的格式

目前,互联网使用的是路由类型为0的路由扩展首部,其格式如图3-12所示。

（1）下一个首部

下一个首部字段的长度为8位,用于标识紧跟在路由扩展首部之后的下一个扩展首部或者上层协议首部。

（2）扩展首部长度

扩展首部长度字段以字节为单位,在表示路由扩展首部的长度时不包含前8字节。对于路由类型为0的路由扩展首部来说,扩展首部值等于扩展首部中地址列表数的两倍,因为IPv6地址为16字节,而扩展首部长度字段为8字节。如果路由扩展首部中有5个IP地址,则扩展首部长度值等于 10。

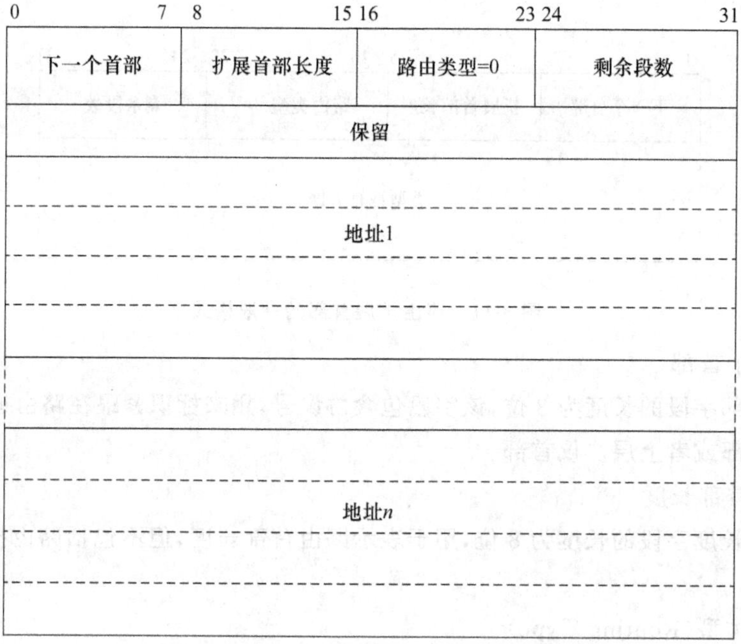

0 7	8 15	16 23	24 31
下一个首部	扩展首部长度	路由类型=0	剩余段数
保留			
地址1			
地址*n*			

图 3-12　路由类型为 0 的路由扩展首部的格式

（3）路由类型

8 位的路由类型字段的值固定为 0,用于说明路由扩展首部是路由类型为 0 的路由扩展首部。

（4）剩余段数

剩余段数字段的长度为 8 位,用于标识 IPv6 数据报在到达最终目的节点之前需要经过的节点数量。

（5）保留(Reserved)

长度为 32 位的保留字段将被保留。如果分组源端将这个字段设置为 0,接收端就会忽略这个字段。

（6）地址[1…*n*](Address[1…*n*])

IPv6 地址列表的数量不确定,用 1~*n* 来标识。地址列表中每个地址的长度为 128 位,这些地址列出了数据报通往目的节点的传输路径所要经过的中间节点的 IPv6 地址。

在路由类型为 0 的路由扩展首部中,中间路由节点地址和目的地址不能为组播地址。

图 3-13 说明了各个中间节点对具有路由扩展首部的数据报的处理过程,这些中间节点都包含在路由类型为 0 的路由扩展首部的地址列表中。源节点 S 按照 R1、R2 和 R3 的顺序指定了 3 个中间节点。IPv6 基本首部的目的地址字段被设置为第一个中间节点 R1 的地址,路由扩展首部的剩余段数字段被设置为 3,包括 2 个中间路由器 R2、R3 和目标节点 D。

R1 收到该数据报之后,先将路由首部中剩余段数字段的值减 1,并将该数据报的目的地址替换为 R2,然后将分组转发给下一个中间节点 R2。R2 和 R3 重复相同的动作,然后分组抵达最终目的节点 D,剩余段数字段值为 0。剩余段数字段的值表明,D 就是最后的数据报接收者,因此,D 会接收和处理这个分组。

　　注意,对路由扩展首部进行处理,并将数据报转发到下一个路由器的中间节点不一定是路由器。有的主机也可以被指定为中间路由器,也会转发那些目的地不是自己的数据报。

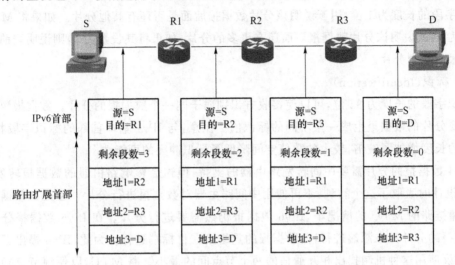

图 3-13　各个中间节点对具有路由扩展首部的数据报的处理过程

　　在路由器对路由扩展首部进行处理的过程中,IPv6 基本首部中的目标地址不断变化,直到最后一个路由器才将目标地址设置为最终目的主机地址,而源地址一直没有变化。

3.6.4　分片扩展首部

　　分片扩展首部用于 IPv6 数据报的分片和重组。当 IPv6 源节点发送的数据报比到达目的节点经过的所有路径上的最小 MTU 还要大时,这个数据报就要先在源端被分成多片数据报,然后被分别发送到目标端,这时每个分片数据报就要使用分片扩展首部。这个扩展首部由前一个扩展首部中的下一个首部字段来标识,下一个首部字段的值为 44。

　　图 3-14 为分片扩展首部的格式。

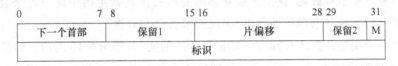

图 3-14　分片扩展首部的格式

　　(1) 下一个首部

　　下一个首部字段的长度为 8 位,该字段包含协议号,用来标识原始数据报可分片部分的第一个扩展首部或上层协议。

　　(2) 保留 1(Reserved 1)

　　发送方将长度为 8 位的保留 1 字段的值设置为 0,接收方将其忽略。

　　(3) 片偏移(Fragment Offset)

　　片偏移字段的长度为 13 位,该字段用来标识紧跟在分片扩展首部之后的数据相对于原始分组可分片部分起始处的偏移量,偏移量以字节为单位。

（4）保留 2(Reserved 2)

保留字段的长度为 2 位，若发送方将该字段的值设置为 0，接收方将其忽略。

（5）M

M 字段的长度为 1 位，用于说明该分片数据报后面是否还有其他分片。如果将 M 字段的值设置为 1，就说明该分片数据报后面还有更多的分片；如果将其设置为 0，则说明当前分片数据报是最后一个分片。

（6）标识(Identification)

标识字段的长度为 32 位，可以使接收方识别属于同一个数据报的分片。数据报源端会为每个需要分片的数据报生成一个不同的标识值。注意，与 IPv4 基本首部的标识字段相比，这个字段的长度增加了一倍，较大的数值空间降低了标识冲突的可能性。

IPv4 数据报的分片需要中间转发路由器的支持，但这会影响路由器的数据报转发性能。IPv6 在设计时吸取了这个教训，不再使用中间路由器对数据报进行分片。但是在数据报长度超过传输链路的 MTU 的情况下，IPv6 数据报仍然需要进行分片。在 IPv6 数据报分片过程中，数据报的分片只在源端进行，而数据报的重组则在目标端进行。为此，IPv6 提出了一种机制，并建议使用这种机制找出相互通信的两个节点间的最小链路 MTU，以便源节点确定合理的数据报长度，防止到达中间路由器的数据报超过所传输链路的 MTU。我们把这种机制称为路径 MTU 发现(Path MTU Discovery)。

在 IPv6 中，当到达中间路由器的数据报过长时，路由器会生成并向数据报源端发送一条 ICMPv6 错误报文，说明"分组太长"的情况。上述改进使得路由器只专注于数据报的存储和转发。

每个需要分片的数据报包含两个部分：不可分片部分和可分片部分。每个分片数据报都必须包含全部的不可分片部分，而可分片部分可以分解到多个分片数据报中。原始数据报的不可分片部分包括 IPv6 基本首部和部分扩展首部，这些扩展首部包括逐跳选项扩展首部、目的选项扩展首部和路由扩展首部。上述 3 个扩展首部之所以需要在每个分片中予以保留，是因为这些分片数据报需要数据报传输路径沿途的所有中间节点来处理。例如，逐跳选项扩展首部需由所有中间节点处理，路由扩展首部需要所有由其指定的中间节点来处理。原始分组的可分片部分指的是其余的扩展首部、高层协议首部和数据。

下面介绍一个用分片扩展首部进行数据报分片的实例，如图 3-15 所示。步骤如下：

① 将原始数据报的不可分片部分复制到每个片分组中，然后将可分片部分分成多个分片并将它们放置在不同的分片数据报中。除了最后一个分片之外，前面每个分片的净荷长度都是 8 字节的整数倍，最后一个分片的长度没有特殊要求。

② 将分片扩展首部插入每个分片数据报的不可分片部分和可分片部分之间，并对每个分片数据报的净荷长度字段值和分片扩展首部中的片偏移值进行相应的赋值。

③ 将每个分片数据报不可分片部分最后一个首部的下一个首部字段值设置为 44，这表示数据报不可分片部分的下一个扩展首部为分片扩展首部；将第一个分片数据报的分片扩展首部的下一个首部字段值设置为原始分组不可分片部分最后一个首部的下一个首部字段值。

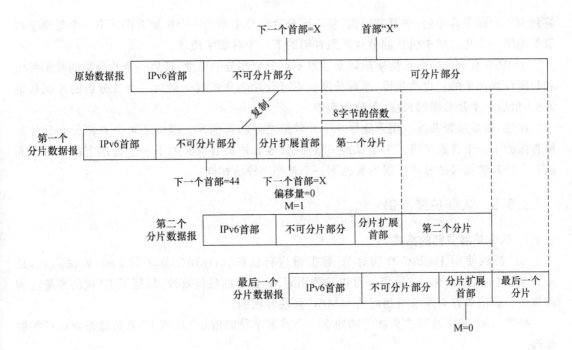

图 3-15　用分片扩展首部进行数据报分片

IPv6 分片的重装过程如图 3-16 所示。从图 3-16 发现,原始数据报中可分片部分的长度等于 3 个分片可分片部分的长度之和。其中,第一个分片的片偏移值等于 0,第二个分片的片偏移值等于第一个分片可分片部分的长度除以 8。依此类推,第三个分片的片偏移值等于前面两个分片可分片部分的长度之和除以 8。

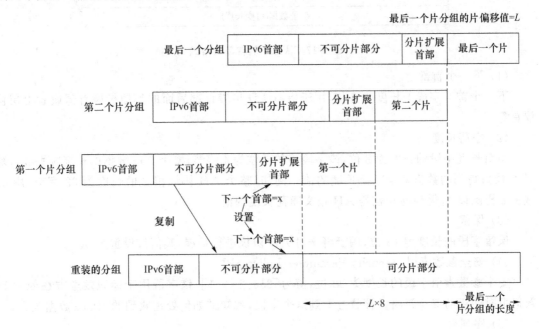

图 3-16　IPv6 分片的重装过程

IPv6 分片的重装步骤如下。

① 将多个分片连接成单个数据报。重装的数据报的不可分片部分可从第一个分片(即偏

移量为 0 的那个片分组)中复制得到,将不可分片部分中最后一个扩展首部的下一个首部字段设置为第一个片分组中包含的分片扩展首部的下一个首部字段值。

② IPv6 首部的净荷长度字段值是根据不可分片部分的长度、最后一个片分组的片偏移值和长度计算出来的。也就是说,净荷长度=不可分片部分长度+最后一个片分组的片偏移值×8+最后一个片分组的长度,单位为字节。

注意,重装过程并没有用到除第一个片分组之外的其他片分组的不可分片部分和分片扩展首部的下一个首部字段。为了保持一致性,其他分片扩展首部的下一个首部字段值可以和第一个分片数据报的分片扩展首部的下一个首部字段值相同。

3.6.5 认证扩展首部

1. 认证扩展首部的格式

AH 协议使用 HMAC 算法对 IP 数据报进行认证。HMAC 算法与 hash 算法类似,是 hash 算法的演进版本。这种算法可以检测出对 IP 报文的任何修改,保证了 IP 包的完整性和可靠性。通信双方必须采用相同的 HMAC 算法和密钥。

如果 IPv6 基本首部或扩展首部的下一个首部字段的值是 51,则 IPv6 数据报含认证扩展首部。

认证扩展首部的格式如图 3-17 所示。

8位	8位	16位
下一个首部	净荷长度	保留
安全参数索引		
序列号		
验证数据(可变长度)		

图 3-17 认证扩展首部的格式

(1) 下一个首部

下一个首部字段的长度为 8 位,用于指明认证扩展首部后面的其他扩展首部或者上层协议首部。

(2) 净荷长度

净荷长度字段的长度为 8 位,该字段值的单位为 4 字节,整个 AH 数据的长度减去 8 再除以 4,最后得到的数值就是净荷长度的值。例如,整个 AH 协议报文的长度为 32 字节,用 32 减去 8 再除以 4,得到的 6 就是 AH 报文净荷长度的值。

(3) 保留

保留字段的长度为 16 位,用于将来对 AH 协议进行扩展,其值被设置为 0。

(4) 安全参数索引(Security Parameter Index,SPI)

安全参数索引字段的长度为 32 位,值为$[256,2^{32}-1]$,该字段用于标识发送方在处理 IP 数据报时使用的安全策略。接收方看到这个字段,就知道如何处理收到的 IPSec 数据报了。

(5) 序列号

序列号字段的长度为 32 位,它是一个单调递增的计数器,为每个 AH 数据报赋予一个序号。该字段可用于抗重放攻击。当通信双方建立安全协定(Security Association,SA)时,计数器初始化为 0。SA 是单向的,每发送一个数据报,SA 的计数器加 1。

（6）验证数据

验证数据字段的长度是可变的，取决于采用何种消息验证算法，长度必须是 4 字节的整数倍。验证数据包含数据报的完整性验证码（也就是 HMAC 算法的结果，称为 ICV），它的生成算法由 SA 指定。

2. 认证扩展首部的封装模式

封装模式是指将认证扩展首部或封装安全净荷扩展首部插入原始 IP 数据报中，以实现对数据报的认证和加密。认证扩展首部的封装模式主要分为传输和隧道两种模式。

（1）传输模式

如图 3-18 所示，在传输模式下认证时，首先，对于整个原始 IP 数据报，使用单向散列函数得到认证数据，然后将认证数据放入认证扩展首部的认证字段，最后将封装的认证扩展首部插入原始 IP 基本首部之后。上述操作可以完成整个数据报的验证。

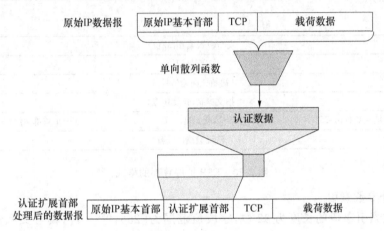

图 3-18 在传输模式下认证

（2）隧道模式

如图 3-19 所示，在隧道模式下认证时，首先，对于原始 IP 数据报和新加的 IP 基本首部，使用单向散列函数得到认证数据，然后将验证数据放入认证扩展首部的认证字段，最后将认证扩展首部插入新 IP 基本首部之后。

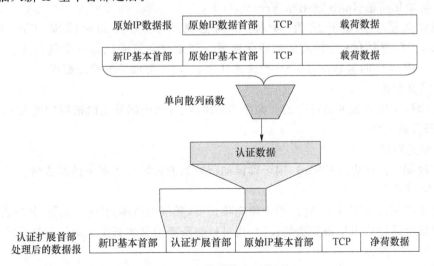

图 3-19 在隧道模式下认证

3.6.6 封装安全净荷扩展首部

1. 封装安全净荷扩展首部的格式

封装安全净荷(Encapsulating Security Payload，ESP)扩展首部是在 RFC2406 中单独定义的扩展首部,用于对紧跟其后的数据报内容进行加密。ESP 扩展首部通过使用某种加密算法使得只有目的主机才能读取数据报的净荷。在通常情况下,ESP 扩展首部会与认证扩展首部一起使用,以达到同时验证发送方身份的目的。

ESP 扩展首部能够提供数据保密、抗重放攻击等功能。ESP 扩展首部大多采用对称密码体制加密数据,这是因为公钥密码系统的加解密运算量比对称密钥系统大得多。ESP 扩展首部使用消息认证码(Message Authentication Code,MAC)提供认证服务。ESP 扩展首部的格式如图 3-20 所示。

8位	8位	16位
安全参数索引(32位)		
序列号(32位)		
初始化向量(64位)		
报文净荷(长度可变)		
填充数据(0~255字节)	填充长度(8位)	下一个首部(8位)
验证数据(可选)		

图 3-20　ESP 扩展首部的格式

(1) 安全参数索引

安全参数索引字段的长度为 32 位,字段值范围为[256,$2^{32}-1$],其含义和认证扩展首部中的安全参数索引字段类似。

(2) 序列号

序列号字段的长度为 32 位,它是一个单调递增的计数器,为每个 ESP 包赋予一个序号,可用于抵抗重放攻击。当通信双方建立 SA 时,序列号字段的值初始化为 0。SA 是单向的,每发送一个包,SA 的计数器便加 1。

(3) 初始化向量(Initialization Vector,IV)

初始化向量字段的长度为 64 位,在加密模式下,数据加密标准(Data Encryption Standard,DES)需要有一个外在的初始化向量。初始化向量必须是一个随机数,字长为 8 字节(64 位)。初始化向量紧跟在 ESP 扩展首部之后,位于受保护净荷的前面。

(4) 报文净荷

报文净荷字段的长度是可变的。如果 SA 加密了,则该部分是加密后的密文;如果没有加密,则该部分就是明文。

(5) 填充数据

填充数据字段是可选的字段,用于确保加密数据的长度是 4 字节的整数倍。

(6) 填充长度

填充长度字段以字节为单位,指示填充项长度,其值的范围为[0，255]。该字段能保证加密数据的长度适应分组加密算法的长度,也可以隐藏净荷真实长度来对抗流量分析。

(7) 下一个首部

下一个首部字段表示紧跟在 ESP 扩展首部后面的扩展首部或上层协议首部。

（8）验证数据（可选）

验证数据字段是变长字段，只有选择验证服务时才需要设置该字段。

在 ESP 扩展首部的所有字段中，安全参数索引、序列号和初始化向量 3 个字段被设计成明文形式，不用加密；为了保证数据报级别的安全，ESP 扩展首部对报文净荷、填充数据、填充长度以及下一个首部这 4 个字段进行了加密。

ESP 扩展首部提供的加密和认证功能是可选的，它定义了零加密和零认证方式。拥有 ESP 扩展首部的数据报可以只选择加密功能，也可以只选择认证功能，但是不能同时选择零加密和零认证方式，加密和认证功能二者必须至少选择其一。如果需要同时对数据报进行加密和认证，应先加密后认证。

ESP 扩展首部利用对称密钥对数据报净荷数据进行加密，支持的加密算法如下。

- DES-CBC（Data Encryption Standard Cipher Block Chaining）：56 位密钥。
- 3DES-CBC（三重 DES CBC）：56 位密钥。
- AES-CBC（Advanced Encryption Standard CBC）：128 位密钥。

ESP 扩展首部一般使用 DES-CBC 作为默认的加密算法。DES-CBC 是对称的分组密码算法，使用共享密钥，分组长度为 64 位。

2. 封装安全净荷扩展首部的封装模式

ESP 扩展首部的封装模式也分为传输模式和隧道模式。

（1）传输模式

如图 3-21 所示，在传输模式下进行加密和认证时，首先，向原始数据报的相应位置插入 ESP 扩展首部和 ESP 尾部，对净荷和 ESP 尾部进行加密得到加密数据；然后将 IP 基本首部、ESP 扩展首部和前面计算得到的加密数据作为一个整体，利用单向散列算法计算得到认证数据，并将认证数据放入 ESP 扩展首部的认证数据字段中；最后，将 IP 基本首部、ESP 扩展首部、净荷密文、加密 ESP 尾部以及认证数据组装成一个能够同时完成加密和认证功能的数据报。

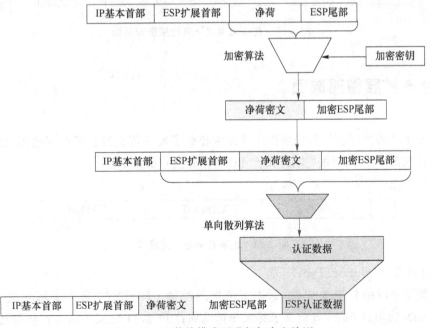

图 3-21　在传输模式下进行加密和认证

（2）隧道模式

如图 3-22 所示，在隧道模式下，首先，对原始 IP 基本首部、净荷和 ESP 尾部，使用加密算法得到对应的加密数据；然后将 ESP 扩展首部和计算得到的加密数据作为一个整体，使用单向散列算法得到认证数据，并将得到的验证数据放入 ESP 扩展首部的认证数据字段；最后，将新 IP 基本首部、ESP 扩展首部、加密的原始 IP 数据报、加密 ESP 尾部以及 ESP 认证数据组装成一个能够同时完成加密和认证功能的数据报。

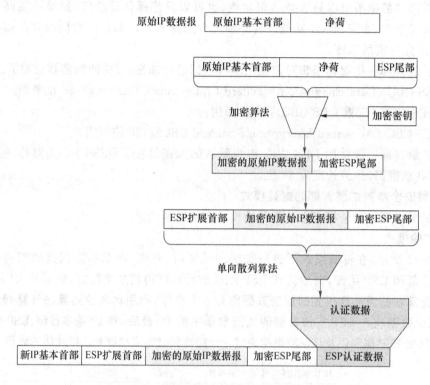

图 3-22　在隧道模式下进行加密和认证

3.7　IPv6 扩展首部选项

逐跳选项扩展首部和目的选项扩展首部中装载了数量可变的扩展首部选项，这些扩展首部选项是按照图 3-23 所示的"类型-长度-值"的格式进行编码的。

图 3-23　扩展首部选项的格式

（1）选项类型（Option Type）

选项类型字段的长度为 8 位，标识了选项的类型。RFC2460 定义了填充选项，分别为 Pad1 和 PadN 选项；RFC2675 定义了特大净荷选项；RFC2711 定义了路由器告警选项和其他一些选项。

（2）选项数据长度（Option Data Length）

选项数据长度字段的长度为 8 位，该字段说明了以字节为单位的选项数据长度。

（3）选项数据（Option Data）

选项数据字段是一个可变长字段，装载了选项特有的数据。

选项类型字段的前两个比特（比特 0 和比特 1）说明了一个正在处理选项但不认识该选项类型的节点所要采取的动作。表 3-5 列出了选项类型字段的两个比特值和处理节点要采取的相关动作。

表 3-5　选项类型字段的两个比特值与处理节点要采取的相关动作

值	动　作
00	跳过不认识的选项继续进行分组处理
01	丢弃分组
10	丢弃分组，并向分组源端发送一条 ICMPv6 错误报文，说明不认识的选项
11	丢弃分组，只有当数据报目的地址是单播地址时，才向数据报源端发送 ICMPv6 错误报文

选项类型字段的比特 2 用于说明传往数据报最终目的节点途中的中间节点能否对扩展首部选项进行修改。如果比特 2 为 1，中间节点就可以修改选项；否则，扩展首部选项就是静态的，中间节点无法对其进行修改。

下面介绍两种扩展首部选项。

（1）Pad1 选项

Pad1 选项用来向特定扩展首部的选项中插入一个字节。Pad1 选项是一个特殊的选项，只有一个字节长，没有选项长度和选项值字段。图 3-24 为 Pad1 选项的格式。

图 3-24　Pad1 选项的格式

（2）PadN 选项

PadN 选项用来向一个特定扩展首部的选项中插入两个或两个以上的字节。PadN 选项是按照"类型-长度-值"的格式编码的。图 3-25 为 PadN 选项的格式。

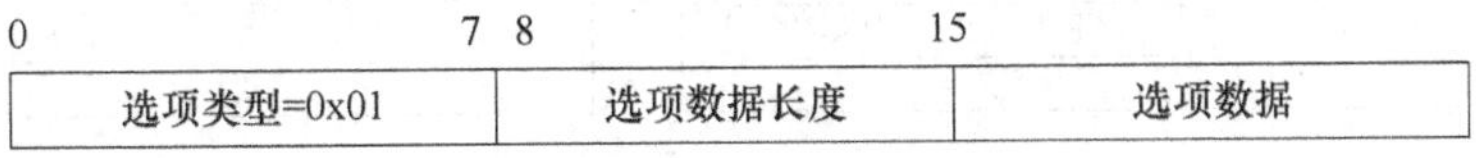

```
0              7 8           15
┌──────────────┬─────────────┬──────────┐
│选项类型=0x01  │ 选项数据长度 │ 选项数据  │
└──────────────┴─────────────┴──────────┘
```

图 3-25　PadN 选项的格式

如果数据报需要进行选项填充，就说明首部选项有对齐的要求。此时，选项数据区域中的每个字段都与其自然边界对齐。

第 4 章 ICMPv6协议

4.1 引 言

互联网控制报文协议(Internet Control Message Protocol,ICMP)是一种面向无连接的网络层协议。它是 TCP/IP 协议簇的一个协议,可在主机与路由器、主机与主机之间传递控制消息。控制消息是指网络是否通顺、主机是否可达、路由是否可用等网络消息。虽然这些控制消息并不传输用户数据,但是对用户数据的传递却起着重要的作用。

ICMPv6(Internet Control Message Protocol version 6)是应用在 IPv6 网络中的 ICMP,而 ICMPv4(Internet Control Message Protocol version 4)是应用在 IPv4 网络中的 ICMP。由于两个协议格式不同,所以两者之间互不兼容。ICMPv6 主要用于目标或者中间节点向源节点传递控制信息,具有网络诊断、邻节点发现、无状态地址自动配置和组播实现等功能。

IPv4 和 IPv6 网络层的协议如图 4-1 所示。其中,IPv4 网络层包含 5 个协议,而 IPv6 网络层只包含两个协议,它将 IPv4 网络层中的 ICMP、IGMP 和 ARP 协议融合到了 ICMPv6 中。

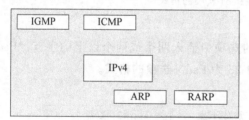
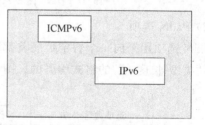

(a) IPv4网络层的协议   (b) IPv6网络层的协议

图 4-1　IPv4 和 IPv6 网络层的协议

4.2　ICMPv6 报文

4.2.1　ICMPv6 报文的格式

ICMPv6 报文封装在 IPv6 数据报中,IPv6 基本首部和各种扩展首部排列在 ICMPv6 首部之前。对 ICMPv6 报文来说，其前一个首部的下一个首部字段值为 58。图 4-2 显示了 ICMPv6 报文的格式。

0　　　　7	8　　　　15	16　　　　31
类型	代码	校验和
报文主体内容		

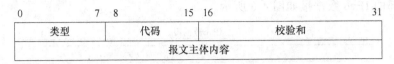

图 4-2　ICMPv6 报文的格式

(1) 类型

类型字段的长度为 8 位，定义了 ICMPv6 的报文类型。ICMPv6 报文分为 ICMPv6 错误类报文和 ICMPv6 信息类报文，其中，类型取值在 0～127 之间的属于 ICMPv6 错误类报文，类型取值在 128～255 之间的属于 ICMPv6 信息类报文。

(2) 代码

代码字段的长度为 8 位，属于报文类型的子类型。联合类型字段和代码字段，可以设置 2^{16} 个报文类型。

(3) 校验和

校验和字段的长度为 16 位。校验和的范围包括 IPv6 的伪首部和整个 ICMPv6 报文。

(4) 报文主体内容

报文主体内容包含 ICMPv6 报文数据，不同类型和代码的报文有不同的内容。

IPv6 的伪首部包含 IPv6 基本首部中的源地址、目的地址、净荷长度以及下一首部等。IPv6 伪首部的结构如图 4-3 所示。

源地址(16字节)	
目的地址(16字节)	
净荷长度(4字节)	
0(3字节)	下一个首部(1字节)

图 4-3　IPv6 伪首部的结构

封装 ICMPv6 报文的 IPv6 数据报如图 4-4 所示。

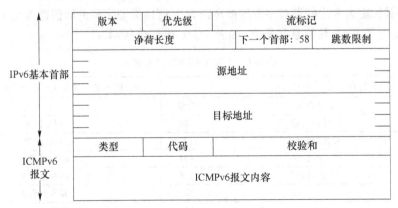

图 4-4　封装 ICMPv6 报文的 IPv6 数据报

ICMPv6 报文的长度和内容取决于 ICMPv6 的报文类型。由于 ICMPv6 首部不包含长度字段，所以 ICMPv6 报文的长度是从整个分组长度(通常就是 IPv6 基本首部的长度字段值)和扩展首部的长度推导出来的。

只封装 ICMPv6 报文但不带扩展首部的 IPv6 数据报如图 4-5 所示。封装 ICMPv6 报文和带扩展首部的 IPv6 数据报如图 4-6 所示。

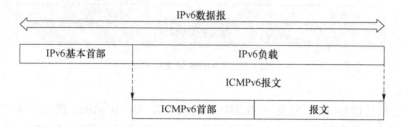

图 4-5　只封装 ICMPv6 报文但不带扩展首部的 IPv6 数据报

IPv6基本首部	扩展首部1	…	扩展首部N	ICMPv6 报文首部	ICMPv6 报文体

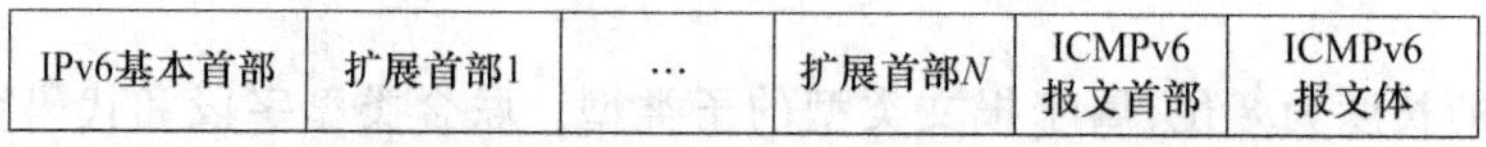

图 4-6　封装 ICMPv6 报文和带扩展首部的 IPv6 数据报

从图 4-5 和图 4-6 分析发现，当一个 IPv6 数据报同时带有扩展首部和 ICMPv6 报文时，扩展首部紧靠在基本首部后面，但排在 ICMPv6 报文前面。

4.2.2　ICMPv6 报文的类型

ICMPv6 报文类型分为两类，分别为 ICMPv6 错误类报文和 ICMPv6 信息类报文。

1. ICMPv6 错误类报文

ICMPv6 错误类报文会报告 IPv6 数据报在转发或传输过程中的错误，这些错误既可以由目的节点报告，也可以由中间路由器报告。对于 ICMPv6 的所有错误类报文，由于其长度为 8 位的类型字段的最高位为 0，所以类型字段的取值范围是 0～127。

ICMPv6 定义了 4 种错误类报文，如表 4-1 左半部分所示。

2. ICMPv6 信息类报文

ICMPv6 信息类报文用于目标节点或中间节点向源节点传递控制消息。对于 ICMPv6 信息类报文，由于其长度为 8 位的类型字段的最高位为 1，所以类型字段的取值范围是 128～255。

ICMPv6 定义了 10 种信息类报文，如表 4-1 右半部分所示。

表 4-1　已定义的 ICMPv6 报文

ICMPv6 错误类报文(0～127)		ICMPv6 信息类报文(128～255)	
类型	消息含义	类型	消息含义
1	目的不可达	128	回送请求
2	数据报太长	129	回送应答
3	超时	133	路由器请求
4	参数错误	134	路由器通告
		135	邻节点请求
		136	邻节点通告
		137	重定向
		138	路由器重编号
		139	节点信息查询
		140	节点信息应答

ICMPv6 信息类报文一般包括源端发出的请求报文以及需要目标端做出应答的报文。如用于实现 Ping 功能的回送请求报文和回送应答报文。

ICMPv6 错误类报文和 ICMPv6 信息类报文的主要区别是:前者是被动产生的,是由中间路由器或者目标主机向源主机发出的带有错误信息的报文;而后者则是源端主机向目标主机主动发出的请求报文,目标主机在收到请求报文之后向源主机发送响应报文。

4.3 ICMPv6 错误类报文

ICMPv6 错误类报文产生的主要原因是当一个 IPv6 节点处理一个收到的数据报时,该数据报出现了错误。目前 ICMPv6 共定义了 4 种错误类报文:目的不可达报文、数据报太长报文、超时报文和参数问题报文。

ICMPv6 错误类报文的格式如图 4-7 所示。

类型	代码	校验和
报文主体		

图 4-7 ICMPv6 错误类报文的格式

4.3.1 目的不可达报文

目的不可达报文可以由数据报源节点、通往数据报目的地路径上的中间节点或者最终目的节点产生,以响应由于各种原因无法传送的数据报。图 4-8 为目的不可达报文的格式。

0　　　　　　　7	8　　　　　　15	16　　　　　　　　　　　　　31
类型=1	代码=0/1/2/3	校验和
未用=0		
报文主体:在整个分组不超过最小IPv6 MTU的情况下, 装载尽可能多的原始数据报		

图 4-8 目的不可达报文的格式

目的不可达报文的类型字段的值为1,代码字段的取值与描述见表 4-2。

表 4-2 目的不可达报文的代码字段的取值与描述

取值	描　　　　述
0	错误原因:没有到达目的地的路由 通常,中间路由器没有查找到将数据报转发到目的端的路由信息时,会自动生成类型值为1、代码字段值为 0 的错误类报文,并通知数据报源端,源节点的 IPv6 层也可能生成这条错误类报文
1	错误原因:从管理上禁止了与目的地的通信 通常,如果源节点上有一些禁止节点与目的地进行通信的策略(如数据报过滤器规则)时,数据报源端的 IPv6 层就会生成这条错误类报文
2	错误原因:超出源站的地址范围 当数据报被一个不在源地址范围内的网络接口转发时,路由器会发送这条错误类报文

续 表

取值	描　述
3	错误原因:地址不可达 当源节点或中间节点对转向目的地的下一跳节点的链路层地址解析失败时,它们就会产生错误类报文
4	错误原因:端口不可达 　通常,当数据报的目的端口是一个特定的高层协议端口,而目的节点却没有打开此端口时,目的节点就会产生这条错误类报文。例如,当一个单播 UDP 数据报到达目的节点,但目的节点没有打开对应的 UDP 端口时,目的节点就会产生这条错误类报文

发送方将未用字段设置为 0,接收方将其忽略。在不超过最小 IPv6 MTU 长度(1 280 字节)的情况下,报文主体应存储尽可能多的原始数据报。报文主体存储足够多的原始数据报字节使得源节点的高层协议能够识别引发 ICMPv6 错误类报文的数据报所属的流。比如,当 TCP 运行于 IPv6 之上时,就至少需要 44 字节(40 字节的 IPv6 基本首部以及 2 字节的 TCP 源端口和 2 字节的目的端口)的原始数据报才能识别网络流。

源节点的 ICMPv6 层在收到一个目的不可达报文时,必须将不可达性通知高层进程。高层进程可以根据这条信息采取动作,以避免出错。比如,一个有多台候选服务器的 UDP 客户应用程序收到端口不可达错误的通知后,就可以立即去尝试另一台服务器,而不是等待超时。

4.3.2　数据报太长报文

当中间节点由于输出链路的 MTU 小于数据报长度而无法转发数据报时,就会生成数据报太长报文。PMTU 发现机制就是利用数据报太长报文来确定两个端点之间所有路由段的最小链路 MTU 的。这种机制可以帮助传输节点选择正确的数据报长度,使得数据报抵达目的地而不被丢弃。图 4-9 为数据报太长报文的格式。

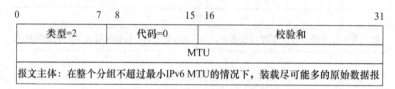

图 4-9　数据报太长报文的格式

数据报太长报文的类型字段值为 2,代码字段值为 0。MTU 字段存储了下一跳链路的 MTU 值。像目的不可达报文一样,在不超过最小 IPv6 MTU 的情况下,其报文主体中装载了尽可能多的原始数据报。

源节点会按照数据报太长报文中通知的 MTU 长度对数据报进行分片。源节点上的 ICMPv6 层收到一条数据报太长报文时,必须通知高层进程。这样,高层协议就可以调整 TCP 片长度以避免分片。

因为需要通过数据报太长报文来实现路径 MTU 发现机制,从而找到通信链路中最小的 MTU,所以网络管理员一般会被建议不要在路由器或防火墙中过滤掉这样的 ICMPv6 错误类报文。过滤掉该报文会使路径 MTU 发现机制的工作停止,这样有时会造成通信的中断。

4.3.3 超时报文

中间路由器在响应一个跳数限制字段值为 0 时会生成 ICMPv6 超时报文。图 4-10 为超时报文的格式。超时报文的类型字段值为 3,代码字段值为 0,1。

节点的 ICMPv6 层收到超时报文后必须通知高层进程。

0	7	8	15	16	31
类型=3		代码=0/1		校验和=ICMP校验和	
未用=0					
引起错误的报文主体: 在整个分组不超过最小 IPv6 MTU的情况下, 装载尽可能多的原始分组					

图 4-10 超时报文的格式

超时报文的代码字段的取值与描述见表 4-3。

表 4-3 超时报文的代码字段的取值与描述

取 值	描 述
0	传输过程中,数据报跳转次数超过了跳数限制
1	数据报重装时间到期了

未用字段:发送方将未用字段设置为 0,接收方将其忽略。

引起错误的报文主体:在整个分组不超过最小 IPv6 MTU 的情况下,报文主体中装载了尽可能多的原始分组,以便为源节点提供线索,使其能够确定是哪个数据报或哪条连接造成了这个错误。

如果路由器收到跳数限制为 0 的包,则该路由器必须丢弃这个包,并将一个代码取值为 0 的超时报文发送给源站点。

若目标节点在收到第 1 个分片后的 60 s 内,还没有收到数据报的全部分片,则丢弃该数据报的所有分片,并将代码取值为 1 的超时报文发送给源节点。

图 4-11 和图 4-12 显示,当数据报到达路由器 C 时,该路由器会收到剩余跳数为 0 的数据报文。这样,路由器 C 拒绝转发该数据报,同时将超时报文发送给源节点。

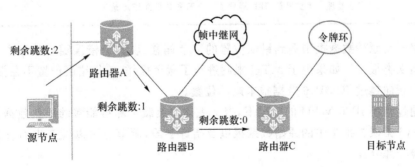

图 4-11 超过跳数限制

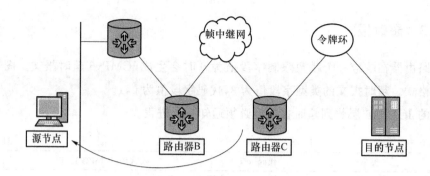

图 4-12　回送超时报文

4.3.4　参数问题报文

当节点处理一个数据报且在数据报首部遇到参数问题时,会丢弃该数据报,并生成一条参数问题报文。图 4-13 为参数问题报文的格式。

0 　　　　　　 7	8 　　　　 15	16 　　　　　　　　　　　　　31
类型=4	代码=0/1/2	校验和
指针		
报文主体:在整个数据报不超过最小IPv6 MTU的情况下,装载尽可能多的原始数据报		

图 4-13　参数问题报文的格式

参数问题报文的类型字段值为 4,代码字段的取值与描述见表 4-4。

表 4-4　参数问题报文的代码字段的取值与描述

取　值	描　述
0	错位原因:发现错误的首部字段 节点在 IPv6 基本首部或扩展首部的一个字段中发现了问题
1	错误原因:遇到无法识别的下一个首部类型 节点在处理一个基本首部时,检索到一个无法识别的下一个首部类型
2	错误原因:遇到无法识别的 IPv6 扩展首部选项 节点在处理一个扩展首部时,遇到了一个无法识别的 IPv6 选项

指针字段是原始数据报中遇到错误位置的字节偏移量,这个错误随后触发了 ICMPv6 参数问题的错误类报文。如果由于 MTU 限制进行了截尾操作,使得错误位置不在报文主体中,则偏移量会指向越过 ICMPv6 数据报末尾的位置。

在不超过最小 IPv6 MTU 的情况下,报文主体中装载了尽可能多的原始数据报。根据附加到 ICMPv6 错误类报文中的原始数据报以及指针字段,源节点可以检查出引发这个错误的是分组的哪个部分。

源节点的 ICMPv6 层在收到参数问题报文时,必须通知高层进程进行后续处理。

4.4 ICMPv6 信息类报文

ICMPv6 信息类报文用于传递请求和应答信息,其基本格式如图 4-14 所示。其中,标识符和序列号字段用于请求报文和应答报文的匹配。

类型	代码	校验和
标识符		序列号
数据		

图 4-14 ICMPv6 信息类报文的基本格式

4.4.1 回送请求报文

源节点生成回送请求报文主要是为了进行网络连通性诊断,比如确定一个感兴趣节点的可达性及往返时延。回送请求报文由源节点发送,用于检测源节点与目标节点之间的网络是否连通,目标节点在收到该报文后,会立即发回一个回送应答报文。回送请求报文的类型字段值为 128,代码字段值为 0,其报文格式如图 4-15 所示。其中,标识符和序列号字段的值由发送方主机设置,这些值可以帮助源节点将回送请求报文和返回的回送应答报文对应起来。数据字段包含零个或多个任意字节的内容。

```
0              7 8            15 16                      31
```

类型=129	代码=0	校验和=ICMP校验和
标识符		序列号
数据		

图 4-15 回送请求报文的格式

目的节点的 ICMPv6 层在收到一条回送请求报文时,会通知高层进程进行处理。

4.4.2 回送应答报文

当接收方收到一个回送请求报文时,ICMPv6 会用回送应答报文进行响应。回送应答报文的类型字段值为 129,代码字段值为 0。标识符和序列号字段的值与回送请求报文中相应的字段值完全一致。回送应答报文的结构与回送请求报文的结构一致。图 4-16 为回送应答报文的格式。其中,标识符和序列号字段的值以及数据字段的内容均是从回送请求报文中获得的。

```
0              7 8            15 16                      31
```

类型=129	代码=0	校验和=ICMP校验和
标识符		序列号
数据		

图 4-16 回送应答报文的格式

回送请求报文与回送应答报文是 Ping 使用的两种 ICMPv6 信息类报文。Ping 常用来测试两台设备之间的网络连通性,其名称来源于主动声呐这个术语。

源节点在发出回送请求报文后,要求目的节点返回回送应答报文,以验证网络层的连通性。如果源节点收到回应,则意味着目标节点是可以进行网络通信的。但如果源节点没有收到相对应的回送应答报文并不意味着目的节点不可达,有可能是路径上的网络设备丢弃了回送请求报文或回送应答报文,也有可能是目的节点本身不接受或不响应该回送请求报文。

4.5 ICMPv4 与 ICMPv6 报文对比

表 4-5 列举了部分常用的 ICMPv4 报文以及对应的 ICMPv6 报文。

表 4-5   部分常用的 **ICMPv4** 报文以及对应的 **ICMPv6** 报文

ICMPv4 报文	对应的 ICMPv6 报文
目的不可达-网络不可达(类型 3,代码 0)	目的不可达-没有目的地址的路由(类型 1,代码 0)
目的不可达-主机不可达(类型 3,代码 1)	目的不可达-地址不可达(类型 1,代码 3)
目的不可达-协议不可达(类型 3,代码 2)	参数问题-无法识别下一个首部的类型(类型 4,代码 1)
目的不可达-端口不可达(类型 3,代码 3)	目的不可达-端口不可达(类型 1,代码 4)
目的不可达-需要分片并将 DF 置位(类型 3,代码 4)	数据报过大(类型 2,代码 0)
目的不可达-与目标主机的通信被管理策略禁止(类型 3,代码 10)	目的不可达-与目标的通信被管理策略禁止(类型 1,代码 1)
源站抑制(类型 4,代码 0)	IPv6 中不发送这个报文
重定向(类型 5,代码 0)	邻居节点发现重定向报文(类型 137,代码 0),如需进一步了解相关内容,请见第 6 章
超时-传输中的 TTL 超时(类型 11,代码 0)	超时-超过传输中的跳数限制(类型 3,代码 0)
超时-分片重组超时(类型 11,代码 1)	超时-分片重组超时(类型 3,代码 1)
参数问题(类型 12,代码 0)	参数问题(类型 4,代码 0 或代码 2)

4.6 路径最大传输单元发现机制

当分组报文的长度超过路径最大传输单元长度时,中间节点就会产生分组太长错误报文。路径最大传输单元(Path Maximum Transmission Unit,PMTU)发现机制利用 ICMPv6 分组太长错误报文,反复地发现到达目的节点的指定路径上所有链路的最小链路 MTU。我们将通过图 4-17 所示的例子来描述 PMTU 发现机制。

主机 A 发起了 PMTU 发现过程,以确定主机 A 和主机 B 之间的中间路径所允许的最大 MTU 值。在这个例子中,主机 A 和路由器 R1 之间的 MTU 值为 1 500 字节,路由器 R1 和路由器 R2 间的 MTU 值为 1 500 字节,路由器 R2 和路由器 R3 间的 MTU 值为 1 300 字节,路由器 R3 和主机 B 之间的 MTU 值为 1 500 字节。

主机 A 发送一个目的地为主机 B 的分组,这个长度为 1 500 字节的分组从主机 A 发出到达路由器 R1 之后,由于路由器 R1 和路由器 R2 之间网段的 MTU 值等于 1 500 字节,所以路由器 R1 将这个分组转发给了路由器 R2。路由器 R2 准备将这个分组转发给路由器 R3 时,意识到与路由器 R3 之间网段的 MTU 值为 1 300 字节,小于这个分组的长度。由于 IPv6 路由器不执行分片功能,所以,此时路由器 R2 会向主机 A 发送一条 ICMPv6 分组太长错误报文。如图 4-17 (a)所示,路由器 R2 将 ICMPv6 分组太长错误报文的 MTU 字段值设置为 1 300 字节。主机 A 收到 ICMPv6 错误报文时,从 ICMPv6 错误报文中取出 MTU 值,并对本地信息进行更新,这样,后续主机 A 发送给主机 B 的分组长度就可以使用这个新的 MTU 值了。由于主机 A 后续没有再收到 ICMPv6 分组太长错误报文,所以主机 A 到主机 B 的 MTU 值为 1 300 字节。如图 4-17(b)所示。

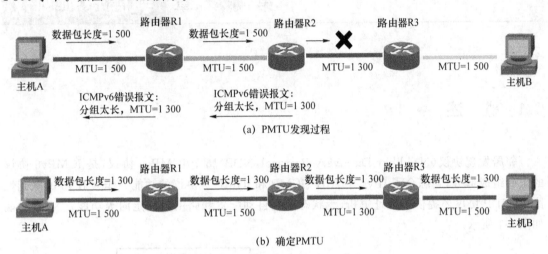

图 4-17 PMTU 发现机制(图中所有数字单位均为字节)

如果主机 A 和主机 B 之间有更多的中间路径,并且每条路径都有不同的 MTU 值,那么,主机 A 就可能需要重复这个 PMTU 发现过程,直到没有更多的 ICMPv6 分组太长错误报文返回为止。例如,假设路由器 R3 和主机 B 间的 MTU 值为 1 280 字节而不是 1 500 字节,那么,当路由器 R3 收到一个长度为 1 300 字节的分组时,就会向主机 A 发送一条 ICMPv6 分组太长报文,将 ICMPv6 错误报文的 MTU 字段值设置为 1 280 字节。之后,主机 A 会再次将路径 MTU 值减为 1 280 字节,并重新发送分组。分组这次会成功抵达主机 B,因为没有更多的 ICMPv6 分组太长错误报文返回,此时,主机 A 到主机 B 的 PMTU 为 1 280 字节。

由于网络是动态的,主机 A 和主机 B 之间的网络拓扑可能会发生变化。这也就意味着路由器 R2 和主机 B 之间的路径可能会从"R2→R3→B"变成"R2→R4→R5→B"。路径 MTU 可能会随着拓扑结构的变化而变化。如果路径 MTU 减小了,路由器 R4 或 R5 就会产生一条传向主机 A 的 ICMPv6 分组太长错误报文。

值得注意的是,IPv4 和 IPv6 的 PMTU 发现机制有些不同。由于 IPv6 路由器不执行分组分片,而且 IPv6 首部没有"不要分片"比特,所以,发送节点通常都要执行 PMTU 发现机制。如果下一代互联网不支持 PMTU 发现机制,则唯一一种的代替方法就是发送端按照网络最小 MTU 长度对发送的 IPv6 分组进行分片。

第 **5** 章 邻居发现协议

5.1 概 述

邻居发现协议（Neighbor Discovery Protocol，NDP）属于 ICMPv6 协议，是 ICMPv6 协议的重要组成部分，它综合了 IPv4 中 ARP、ICMP 和 IGMP 等协议的功能。作为 IPv6 的基础性协议，NDP 协议还提供了地址解析、无状态地址自动配置和路由器重定向等功能。NDP 功能如图 5-1 所示。

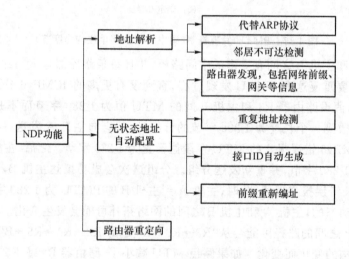

图 5-1 NDP 功能

1. 地址解析

地址解析是一种确定节点链路层地址的方法。NDP 中的地址解析功能不仅替代了原 IPv4 中的 ARP 协议，还使用了邻居不可达检测（Neighbor Unreachability Detection，NUD）方法来维护邻居节点之间的可达性状态信息。

NDP 协议支持地址解析，它可以将一个节点的 IPv6 地址解析成相应的链路层地址。在实际操作过程中，节点可能会改变其链路层地址，同一链路上的邻居节点可以通过邻居发现协议分组发现这种链路层地址的变化。

需要说明的是,虽然邻居发现协议用于获得节点的链路层地址,但由于 NDP 协议是 ICMPv6 协议的一个应用,所以 NDP 协议在网络层工作,与链路层无关。

NDP 协议还支持邻居不可达检测。节点可以通过 NDP 协议来判定其与准备通信的节点是否双向可达。对任意两个节点 A 和 B 来说,节点 A 可通过执行邻居不可达检测来验证从节点 A 到节点 B 的路径是否连通。同理,如果主机检测到当前默认的一台或多台路由器是不可达的,就会去测试其他路由器是否可达。

2. 无状态地址自动配置

NDP 支持无状态地址自动配置机制。无状态地址自动配置机制包括一系列相关功能,如路由器发现、接口 ID 自动生成以及重复地址检测等。通过无状态地址自动配置机制,链路上的节点可以自动获得 IPv6 地址。

路由器会定时或者在主机请求的情况下在与其相连的网络上发布网络参数,包括网络前缀、网关等信息,主机获取这些信息后,可以获得 IPv6 网络前缀、默认路由、链路 MTU、跳数限制等信息。

NDP 协议支持路由器发现。主机通过 NDP 协议检测到路由器的存在,并确定那些愿意转发分组的路由器标识。因此,NDP 协议使得主机不再需要为了确定其所属链路上活动路由器的可用性,而去"窥探"下一代 RIP 协议报文这样的路由协议报文了,节点可以通过收到的路由器通告报文来判断路由器是否存在。

要实现无状态地址自动配置需要以下 3 个步骤。

(1) 接口 ID 自动生成

主机根据 EUI-64 规范或其他方式为接口自动生成接口标识符。

(2) 网络前缀重新编址

当网络前缀变化时,路由器在与其相连的链路上发布新的网络前缀等信息,主机捕获这些信息,重新配置网络前缀以及链路 MTU 等地址相关信息。

NDP 协议支持网络前缀发现。当一个节点新加入网络后,它会主动发出路由器请求报文,路由器在收到路由器请求报文之后,通过路由广告报文将网络前缀信息发布到与它直接相连的链路上去。

(3) 重复地址检测

根据网络前缀信息生成或手动配置节点 IPv6 地址后,为保证该地址的唯一性,在使用该地址之前需要采用重复地址检测机制来判断地址是否唯一,即检测配置的 IPv6 地址是否已经被链路上的其他节点所使用。如果没有重复,则该节点地址配置成功。

3. 路由器重定向

当本地链路上存在一个到达目的网络更好的路由器时,原先的默认路由器会通知源节点修改默认路由器。NDP 协议允许路由器通知主机一条更好的第一跳路由。

5.2　邻居发现协议报文

邻居发现协议报文属于 ICMPv6 信息类报文,使用的是通用的 ICMPv6 协议报文格式。如图 5-2 所示,每个邻居发现协议报文都以类型、代码以及校验和字段开始,后面跟着报文主体。报文主体由多个字段组成。邻居发现协议报文通过 IPv6 协议进行封装。

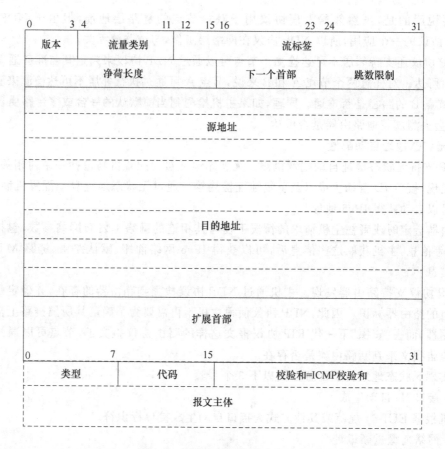

图 5-2　邻居发现协议报文的格式

NDP 定义了 5 种 ICMPv6 报文类型,如表 5-1 所示。

表 5-1　5 种 ICMPv6 报文类型

ICMPv6 报文类型	报文名称
Type = 133	路由器请求(Router Solicitation,RS)报文
Type = 134	路由器通告(Router Advertisement,RA)报文
Type = 135	邻居请求(Neighbor Solicitation,NS)报文
Type = 136	邻居通告(Neighbor Advertisement,NA)报文
Type = 137	重定向(Redirect)报文

其中,NS/NA 报文主要用于地址解析,RS/RA 报文主要用于无状态地址自动配置,Redirect 报文用于路由器重定向。

5.2.1　邻居请求报文

源节点使用邻居请求报文获取目标节点的链路层地址。邻居请求报文的格式如图 5-3 所示。

在邻居请求报文中,各字段值设置如下。

类型字段的值设置为 135,代码字段的值为 0,校验和字段包含 ICMPv6 整个报文的校验和值,发送端必须将保留字段的值设置置为 0,接收端忽略此字段。

图 5-3 邻居请求报文的格式

目标地址字段的值设置为待解析的目标节点的 IPv6 地址,这个地址类型可以是链路本地地址、唯一本地地址和全球单播地址,但不能是组播地址。

选项字段的值设置为源节点的链路层地址。目前邻居请求报文只设置这一个选项。在发送邻居请求报文时,源端必须将邻居请求报文中的选项字段设置为其自身的链路层地址。如果源节点链路层地址没有确定,就必须省略源链路层地址选项。

邻居请求报文采用组播方式进行通信,在同一个网络中的所有主机都可以收到邻居请求报文。

5.2.2 邻居通告报文

邻居通告报文用于通告目的节点的链路层地址。邻居通告报文的格式如图 5-4 所示。

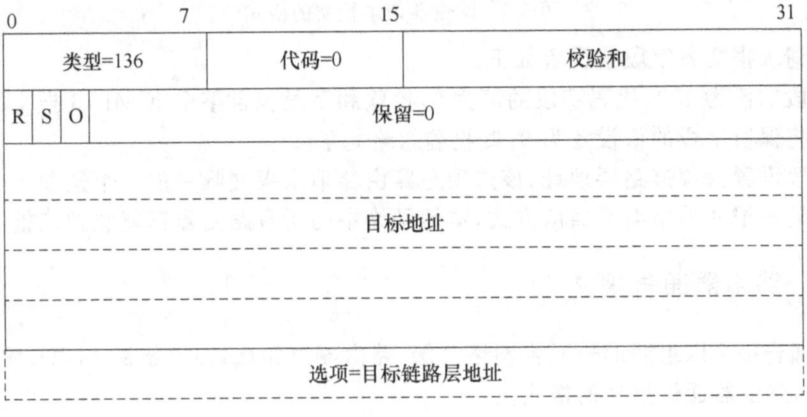

类型=136	代码=0	校验和
R S O	保留=0	
目标地址		
选项=目标链路层地址		

图 5-4 邻居通告报文的格式

邻居通告报文各个字段值设置如下。

类型字段的值为 136,代码字段的值为 0,校验和字段包含整个 ICMPv6 报文的校验和值,发送端必须将保留字段的值设置为 0,接收端忽略此字段。

R 字段被称为路由器标记(Router Flag)位,表示 NA 报文发送者的角色,长度为 1 位。其值如设置为 1,则表示发送 RA 报文的节点是路由器;其值如设置为 0,则表示发送节点为主机。

S 字段被称为请求标记(Solicited Flag)位,用来标识节点收到的邻居通告报文是主动还是被动响应邻居请求报文的,其长度为 1 位。如果该字段值设置为 1,则表示该 NA 报文是对 NS 报文的响应,是被动响应邻居请求报文的;如果该字段值设置为 0,则表示该 NA 报文是由节点主动发送的。因此,在带有单播目的地址的邻居通告报文中将 S 字段值设置为 1,而在带有组播目的地址的邻居通告报文中将 S 字段值设置为 0。

O 字段被称为覆盖标记(Override Flag)位,其长度为 1 位。如果其值设置为 1,则表示接收 NA 报文的节点可以用 NA 报文中的目标链路层地址来覆盖原有的邻居缓存表项;如果其值设置为 0,则表示只有接收 NA 报文的节点缺少目标 IP 地址到目标链路层地址的映射表项时,才能用 NA 报文中的目标链路层地址来更新邻居缓存表项。

目标地址字段值为发送 NA 报文节点的 IPv6 地址。目标链路层地址选项是邻居通告报文唯一的一个选项,发送端在发送邻居通告报文时必须包含其链路层地址。

邻居通告报文分为组播和单播两种形式,未经请求的邻居通告报文是组播报文,而经过请求且被动发出的邻居通告报文是单播报文。当链路层地址发生变化时,节点会发送一条未经请求的邻居通告报文来通知其他节点其变化信息。该报文会发送给本网络的所有节点,报文目标 IP 地址是本地链路所有主机组播地址(ff02::1)。

5.2.3 路由器请求报文

新接入网络的主机会主动地向本地路由器发送路由器请求报文,以获取网络前缀、网关地址、链路 MTU 以及跳数限制等信息。路由器请求报文的格式如图 5-5 所示。

0	7	15	31
类型=133	代码=0	校验和=ICMP校验和	
保留=0			
选项=源链路层地址			

图 5-5 路由器请求报文的格式

路由器请求报文各字段值设置如下。

类型字段的值为 133,代码字段的值为 0,校验和字段包含整个 ICMPv6 报文的校验和值,发送端必须将保留字段的值设置为 0,接收端忽略此字段。

选项字段设置为源链路层地址,该选项是路由器请求报文唯一的一个选项。

路由器请求报文采用组播通信方式,本地网络中的所有路由器都能收到该报文。

5.2.4 路由器通告报文

路由器通告报文以组播形式通告网络前缀、路由器链路层地址、链路 MTU、跳数限制等信息。图 5-6 为路由器通告报文的格式。

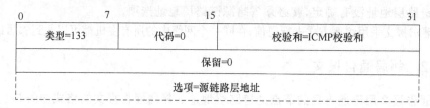

0	7		15	31
类型=134	代码=0		校验和=ICMP校验和	
当前的跳数限制	M	O	保留=0	路由器寿命
可达时间				
重传定时器				
选项=源链路层地址				
选项=MTU				
选项=网络前缀				

图 5-6 路由器通告报文的格式

路由器通告报文各字段值设置如下。

类型字段的值为 134,代码字段的值为 0,校验和字段包含整个 ICMPv6 报文的校验和值,发送端必须将保留字段的值设置为 0,接收端会将其忽略。

当前的跳数限制字段值由发送路由器通告报文的路由器设置,与该路由器同一个网络的所有主机发送的 IPv6 报文基本首部的跳数限制字段使用该值来赋值。当前跳数限制字段中的值为 0 表示路由器没有说明跳数限制的配置。

M 字段被称为"管理的地址配置"标志,长度为 1 位。M 字段设置为 1 时说明可以使用动态主机配置协议来配置地址。

O 字段被称为"其他有状态配置"标志,长度为 1 位。O 字段被设置为 1 时说明可以用动态主机配置协议的无状态子集来获取不与特定地址相关的配置信息,如 DNS 递归域名服务器的 IPv6 地址。

路由器寿命字段是一个长度为 16 位的无符号整数,它说明了该路由器作为默认路由器能够持续的时间。这个值是以秒为单位的,最大值为 18.2 h。该字段值为 0 说明该路由器不是默认路由器,在这种情况下,主机不会将该路由器作为向链外目的地发送分组的默认路由器。

可达时间字段是一个长度为 32 位的无符号整数,它说明了一个节点从与其通信的邻居那里收到可达性确认信息之后,认为这个邻居在未来多长时间内是可达的。这个值以毫秒为单位。当可达时间到期后,如没有收到来自其邻居肯定的可达性确认信息,节点就开始进行邻居不可达检测。该字段值为 0 说明通告路由器没有指定这个参数。

重传定时器字段是一个长度为 32 位的无符号整数,以毫秒为单位,它说明了邻居不可达检测以及地址解析中报文传输的时间间隔。该字段值为 0 说明通告路由器没有指定这个参数。

路由器通告报文定义了 3 个选项,分别是源链路层地址选项、MTU 选项和网络前缀选项。

路由器可以在源链路层地址选项中设置其发送接口的链路层地址,这样同一条链路上的主机便获得了本地路由器的链路层地址,它们通过该路由器转发分组时就不用执行链路层地址解析了。通过不设置源链路层地址选项,路由器强制其邻居主机节点执行地址解析,这样,主机节点就可以选择最优路由器接口转发数据报。

路由器可以通过设置 MTU 选项为那些缺乏良好定义的 MTU 长度的链路提供统一的 MTU 值。良好定义的 MTU 值是确保正确的组播操作所必需的。由于组播源无法知道组播组中每个成员的 MTU 值,所以它必须根据良好定义的 MTU 值来选择分组长度,这样,所有的成员就都能正确地收到完整的组播分组了。

路由器通过网络前缀选项向本网络的所有主机通告本网段的网络号,一般网络长度为 64 位。在多路由器的链路中,有时需要对路由器通告报文进行功能扩展。

每台主机根据收到的路由器通告报文来构建并维护一个默认路由器列表。除此之外,每台主机还根据收到的路由器通告报文构建并维护一个网络前缀列表(Network Prefix List)。主机可以通过查询网络前缀列表来判定目标节点是在同一个链路上还是在链路外。主机想与同一个链路外的节点通信时,可以查询默认路由器列表。一条链路上有多台默认路由器且主机将目的为链路外节点的分组转发给其中一台默认路由器时,如果对于那个特定的目的节点的网络前缀来说有更好的默认路由器,这台默认路由器就会向源主机发送一个重定向报文。路由器重定向机制可以将源主机发送的数据报重定向到另一台与发送重定向报文的路由器位于同一条链路上的最优路由器上去。

只要路由器不频繁地发送重定向报文，重定向机制通常都能很好地工作。下面来看看图 5-7 给出的例子。

路由器 RT-1 和 RT-2 将它们自己作为一台默认路由器通告出去，但只有 RT-1 是直接连接到因特网上的，RT-2 连接到主机 B 所处的链路以及与 RT-1 共享的那条链路。假设主机 A 经常要与因特网上的节点而不是与主机 B 进行通信，那么，主机 A 最好将分组发送给 RT-1。但是，由于两台路由器都发送了路由器通告报文，所以主机 A 无法确定应该选择 RT-1 还是 RT-2 作为默认路由器。但网络系统不能为了选择 RT-1 作为默认路由器，就让 RT-2 停止发送路由器通告，因为如果这样的话，主机 A 就不能与主机 B 进行通信了。虽然主机 A 很少与主机 B 通信，但它们只有通过 RT-2 才能进行通信。

主机A
主机B
路由器RT-1
路由器RT-2
因特网

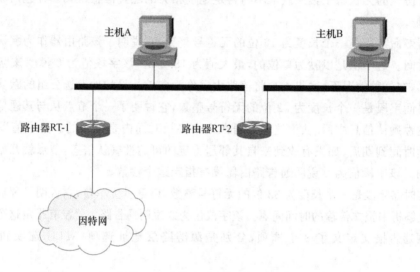

图 5-7　在多台路由器间进行选择

为了在这种情况下对重定向报文的使用进行优化，RFC4191 提供了一种扩展的路由器通告报文，该扩展报文允许路由器通告报文向主机传送路由器优先信息，这样主机在选择使用哪台路由器与链外节点通信时，就可以做出更好的决定。扩展的路由器通告报文格式如图 5-8 所示。

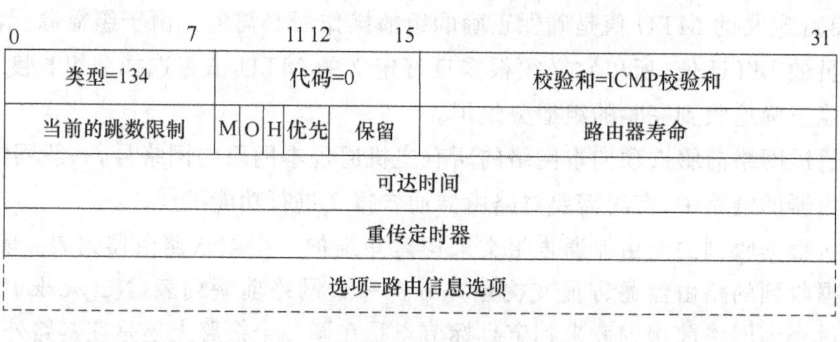

0
7
11 12
15
31
类型=134
代码=0
校验和=ICMP校验和
当前的跳数限制
M O H 优先
保留
路由器寿命
可达时间
重传定时器
选项=路由信息选项

图 5-8　扩展的路由器通告报文格式

H 字段被称为“归属代理”标志。这个标志是 RFC3775 为支持 IPv6 移动性而定义的。优先字段是一个长度为 2 位的路由器优先字段，这个字段将路由器的优先信息编码为一个整数。优先字段说明了发布通告的这台默认路由器是否应该优于其他默认路由器。表 5-2 列出了路由器编码值及相关的定义。

表 5-2　路由器编码及优先级

编码	优先级
01	高
00	中
11	低
10	保留

中优先级是为了向前兼容那些不理解扩展路由器通告报文格式的主机编制的。接收端在处理路由器通告报文时,会将保留值$(10)_2$作为$(00)_2$进行处理。在发送路由器寿命为 0 的路由器通告报文时,路由器必须将优先字段设置为 00,这样当接收主机收到寿命为 0 的路由器发送的路由器通告报文时,接收端会忽略优先字段。

保留字段是一个长度为 3 位的字段。发送端将这个字段设置为 0,接收端忽略此字段。

网络管理者可以用路由器优先字段来配置路由器 RT-1,使其发送一个高优先级的路由器通告报文。这样,主机 A 就可以在默认情况下通过 RT-1 来发送分组了,这正是我们所期望的路由效果。主机 A 向主机 B 发送分组时仍然会触发来自 RT-1 的重定向报文,但由于主机 A 和主机 B 很少通信,所以,这种重定向报文不会对网络性能造成很大的影响。

5.2.5　重定向报文

路由器向触发重定向机制的源端发送重定向报文。重定向报文的源地址必须是分配给路由器接口的链路本地地址。图 5-9 详细列出了重定向报文的格式。

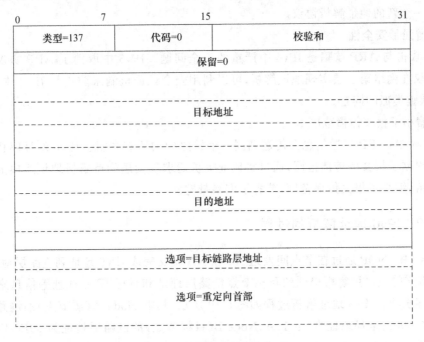

图 5-9　重定向报文的格式

类型字段值为 137,代码字段值为 0,校验和字段包含 ICMPv6 校验和值。发送端必须将保留字段的值设置为 0,接收端忽略此字段。

如果有更好的第一跳路由器,路由器就会将重定向报文发送到源节点。

重定向报文中的目标地址和目的地址是有区别的。其中,目标地址字段的值设置为更好的第一跳路由器的链路本地地址,而目的地址字段的值设置为数据报最终目的地的 IP 地址。

重定向报文有两个可能的选项,这两个选项是目标链路层地址选项和重定向首部选项。目标链路层地址选项中包含目标节点的链路层地址。重定向首部选项在整个重定向数据报不超过最小链路 MTU(目前是 1 280 字节)的前提下,包含了尽可能多的触发重定向的那个原始 IPv6 数据报。

5.3 IPv6 地址解析

5.3.1 IPv6 地址解析的内容和优点

IPv6 地址解析的内容包括两部分:一个是解析了节点 IP 地址所对应的链路层地址;另一个是邻居可达性状态的维护,即邻居不可达检测。

IPv6 地址解析相对于 IPv4 的 ARP,有以下优点。

(1) 加强了地址解析协议与底层链路的独立性

IPv6 地址解析对不同的链路层协议都使用相同的地址解析协议,无须再为每一种链路层协议定义一个新的地址解析协议。

(2) 增强了安全性

ARP 攻击与 ARP 欺骗是 IPv4 中严重的安全问题。IPv6 中取消了 ARP 协议,采用 NS 和 NA 协议在网络第三层实现地址解析,可以利用安全认证机制来防止与 IPv4 中 ARP 攻击和 ARP 欺骗类似的问题。

(3) 缩小了报文传播范围

在 IPv4 中,ARP 广播信息会传送到同一个链路中的所有主机。IPv6 地址解析利用三层组播寻址限制了报文的传播范围,通过将地址解析请求仅发送到待解析地址所属的被请求节点的组播组,缩小了报文传播范围,节省了网络带宽。

5.3.2 IPv6 地址解析的过程

在 IPv6 中,NDP 通过在节点间发送 NS 和 NA 报文完成 IPv6 地址到链路层地址的解析,发送 NS 报文的主机用解析得到的目标节点链路层地址和目标 IPv6 地址等信息来建立相应的邻居缓存表项。IPv6 地址解析过程如图 5-10 所示,其中 Node A(源节点)的链路层地址为 00E0-FC00-0001,全局地址为 1::1:A;Node B(目标节点)的链路层地址为 00E0-FC00-0002,全局地址为 1::2:B。当 Node A 要将数据报文发送到 Node B 时,需要 NDP 完成地址解析,其过程如图 5-10 所示。

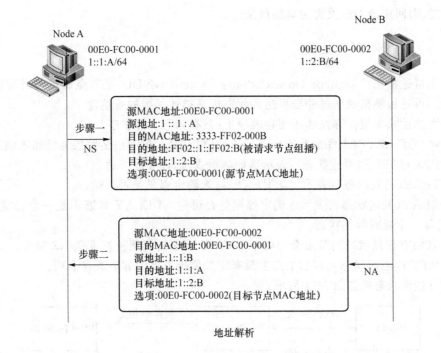

图 5-10 IPv6 地址解析过程

步骤一：Node A 将一个 NS 报文发送到链路上，目的 IPv6 地址为 Node B 对应的被请求节点组播地址 FF02::1:FF02:B，选项字段携带了 Node A 的链路层地址 00E0-FC00-0001。请求节点组播地址生成的通用格式为 FF02::1:FFXX:XXXX。地址 FF02::1:FFXX:XXXX 的前 104 位 FF02::1:FF 为固定内容，而 XX:XXXX 为被查询目标 IP 地址的后 24 位。NS 报文链路层 MAC 地址为链路层组播地址，其地址格式为 33-33-XX-XX-XX-XX，后面 8 个 X 的长度为 32 位，使用节点组播地址的后 32 位填充。以图 5-10 为例，对于目标地址 Node B 的 IPv6 地址 1::2:B，其完整地址为 1::0002:000B，后 24 位地址为 02:000B，这样 NS 报文的目的 IP 地址对应的请求节点组播地址为 FF02::1:FF02:000B，可简写为 FF02::1:FF02:B，链路层组播地址为 33-33-FF-02-00-0B。

Node B 收到该 NS 报文后，由于报文的目的地址 FF02::1:FF01:B 是 Node B 的被请求节点组播地址，报文所携带的目标地址为 1::2:B，和 Node B 所配置的 IP 地址相同，所以 Node B 会响应该请求报文。同时，Node B 根据 NS 报文中的源 IP 地址和源链路层地址选项更新自己的邻居缓存表项。

步骤二：Node B 发送一个单播的 NA 报文来应答 NS，同时在报文的目标链路层地址选项中携带自己的链路层地址 00E0-FC00-0002。

Node A 收到 NA 报文后，根据报文中携带的 Node B 链路层地址，创建一个到目标节点 Node B 的邻居缓存表项。通过交互，Node A 和 Node B 同时获得了对方的链路层地址，建立了到达对方的邻居缓存表项，从而实现了互相通信。

当一个节点的链路层地址发生改变时，该节点会主动发送一个组播形式的 NA 报文。该报文以所有本地链路节点组播地址 FF02::1 为目的地址发送 NA 报文，并通知链路上的其他节点更新邻居缓存表项。

因此，如果 NA 报文是主动发送的话，那么它就是一个组播报文。如果 NA 报文是被动响应 NS 报文,则回应的 NA 报文为单播报文。

5.3.3 邻居不可达检测

邻居不可达检测(Neighbor Unreachability Detection,NUD)是节点确定邻居可达性的过程。邻居不可达检测机制通过邻居可达性状态机来描述邻居的可达性。

邻居可达性状态机保存在邻居缓存表项中,共有如下 6 种状态。

- INCOMPLETE(未完成状态):表示正在解析地址,但邻居链路层地址尚未确定。
- REACHABLE(可达状态):表示地址解析成功,该邻居可达。
- STALE(失效状态):表示可达时间耗尽,未确定邻居是否可达。
- DELAY(延迟状态):表示未确定邻居是否可达。DELAY 状态不是一个稳定的状态,而是一个延时等待状态。
- PROBE(探测状态):节点会向处于 PROBE 状态的邻居持续发送 NS 报文。
- EMPTY(空闲状态):表示节点上没有相关邻接节点的邻居缓存表项。

邻居可达性状态机如图 5-11 所示。

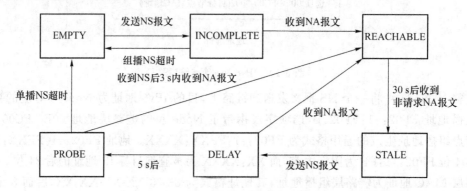

图 5-11 邻居可达性状态机

图 5-11 中的实线箭头表示由 NS/NA 报文交互导致的状态变化,各状态间的相互转换如下。

- 当邻居缓存表项为 EMPTY 状态时,如果有 NS 报文要发送给邻接节点,则在本地邻居缓存表建立该邻接节点的表项,并将该表项置于 INCOMPLETE 状态,同时向邻接节点发送 NS 组播报文。邻居缓存表项为 IP 地址与链路层地址的映射记录。
- 节点收到邻居回应的单播 NA 报文后,将处于 INCOMPLETE 状态的邻居缓存表项转化为 REACHABLE 状态。如果地址解析失败(发出的组播 NS 超时),则删除该表项。
- 处于 REACHABLE 状态的表项,如果在 REACHABLE_TIME 内没有收到关于该邻居的"可达性证实信息",则进入 STALE 状态。此外,如果该节点收到邻居节点发出的非 S 置位 NA 报文,并且链路层地址有变化,则相关表项会进入 STALE 状态。
- 对于处于 STALE 状态的表项,当有报文发往该邻居节点时,这个报文会利用缓存的链路层地址进行封装,并使该表项进入 DELAY 状态,等待接收"可达性证实信息"。
- 进入 DELAY 状态后,如果 DELAY_FIRST_PROBE_TIME 之内还未收到关于该邻居的"可达性证实信息",则该表项进入 PROBE 状态。
- 在 PROBE 状态时,节点会周期性地用 NS 报文来探测邻居的可达性,探测的最大时间间隔为 RETRANS_TIMER,在最多尝试 MAX_ UNICAST_SOLICIT 次后,如果仍未收到邻居回应的 NA 报文,则认为该邻居已不可达,该表项将被删除。

邻居不可达检测过程如图 5-12 所示。

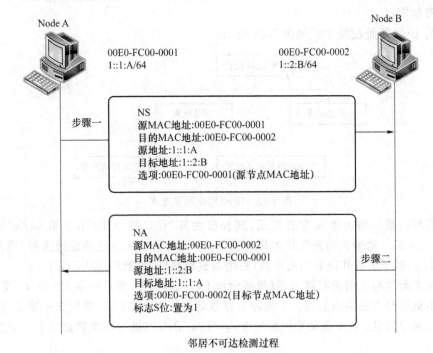

图 5-12 邻居不可达检测过程

在图 5-12 中,Node A 主机想测试 Node B 主机是否可达,发送了一个单播的 NS 报文,直接指明需要测试的主机 Node B 是否可达。如果主机 Node B 回应一个 NA 报文,则认为主机 Node B 是可达的。

邻居可达性是单向的,如果需要达到"双向"可达,还需向 Node B 发送 NS 探测报文,Node A 向 Node B 回应 S 标志置为 1 的 NA 报文。

邻居不可达检测过程与地址解析过程的主要不同之处在于以下两点。

- 邻居不可达检测的 NS 报文的目的 MAC 地址是目的节点的 MAC 地址,目的 IPv6 地址为 Node B 的单播地址,而不是被请求节点组播地址。而地址解析产生的 NS 报文为组播报文,目的 MAC 地址为链路层组播地址,目的 IPv6 地址为被请求节点组播地址。
- 在邻居不可达检测中,NA 报文中的 S 标志需置为 1,表示 NA 报文是可达性确认报文。

5.4 无状态地址自动配置

IPv6 海量地址使得无数多的网络节点需要配置 IPv6 地址,如果采用手动配置,则工作量非常大,而无状态地址自动配置则可以让主机自动获得 IPv6 地址。

IPv4 使用 DHCP 实现自动配置,包括 IP 地址和缺省网关等信息,简化了网络管理流程。IPv6 地址的长度为 128 位,且网络节点众多,对于自动配置的需求更为迫切,除保留了 DHCP 作为有状态地址自动配置外,它还增加了无状态地址自动配置。在无状态地址自动配置中,主机除了可以自动生成链路本地地址之外,还可以根据路由器通告报文的网络前缀信息自动配置全球单播地址,并获得其他网络相关信息,包括网关的链路本地地址、链路 MTU 以及数据报的跳数限制等。

常见的 IPv6 地址配置方式如图 5-13 所示。

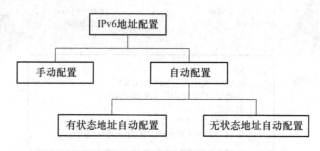

图 5-13   IPv6 地址配置方式

网络前缀一般由路由器向主机发送,其长度为 64 位。接口 ID 由主机 MAC 地址通过 EUI-64 自动生成。地址自动配置技术具有以下功能:赋予主机自己的地址参数(网络前缀和节点接口 ID);赋予主机其他的相关参数(路由器链路地址、跳数和 MTU 等)。

主机向本地链路上的所有路由器(组播地址 ff02::2/128)发送一条 RS 报文(类型 133),请求获取本地链路上的网络前缀。本地路由器收到这个 RS 报文后,使用 RA 报文(类型 134)通告网络前缀等信息。RA 报文是组播报文,其目标 IPv6 地址为本地链路所有节点组播地址 ff02::1。

无状态地址自动配置中获取网络前缀等信息的过程如图 5-14 所示。

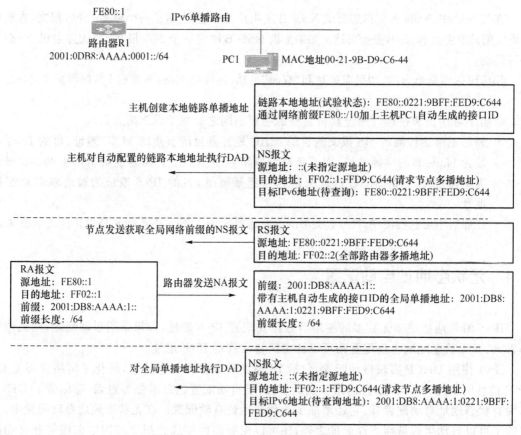

图 5-14   无状态地址自动配置

由图 5-14 可知,IPv6 的无状态地址自动配置步骤如下。

(1) 主机创建本地链路单播地址

主机 PC1 自动创建自己的链路本地单播地址,无需手动配置或借助于 DHCPv6 服务器。本地网络前缀是 FE80::/10,64 位的接口 ID 通过 EUI-64 格式或随机生成方式进行创建并附加在网络前缀之后。随后,该地址进入试验状态,并等待重复地址检测(Duplicate Address Detection,DAD)进程验证其唯一性。

(2) 主机对自动配置的链路本地地址执行 DAD

在使用该链路本地地址之前,主机必须对该链路本地地址执行 DAD,以确保该地址的唯一性。PC1 发出一条 NS 报文,该报文的源地址是未指定地址::,目的地址是与该链路本地地址相关联的请求节点组播地址。如果有其他节点正在使用该地址,那么该节点就会使用 NA 报文进行响应,此时第一步生成的链路本地地址无效,需要重新生成链路本地地址。如果已等待特定时间间隔后,PC1 仍未收到关于该地址的 NA 报文,那么该地址就会成为有效的链路本地地址。

(3) 节点发送获取全局网络前缀的 NS 报文

为了配置全局单播地址,主机采用组播方式向本地链路所有路由器发出 RS 报文,其中,源地址为自动配置的本地链路地址,即图 5-14 中的 FE80::0221:9BFF:FED9:C644,而目标地址为本地链路所有路由器的组播地址 FF02::2。因此,RS 报文属于组播数据报文。只要本地链路有路由器,路由器就会回应一个 RA 报文。

(4) 路由器发送 NA 报文

收到 RS 报文之后,路由器 Rl 会发送相对应的 RA 报文或者周期性地发送 RA 报文。无论哪种情况,RA 报文的目标地址都是本地链路所有节点组播地址 FF02::1,并带有路由器本地链路地址选项。路由器通告消息中包含网络前缀、路由器链路层地址、链路 MTU 等信息。

利用 RA 报文提供的信息,PC1 将网络前缀附加在自动或随机生成的 64 比特接口 ID 之前,即可自动创建其全局单播地址。同时,路由器 R1 的本地链路地址会被加入 PC1 的默认网关列表中。

(5) 对全局单播地址执行 DAD

将全局单播地址分配给 PC1 接口之前,PC1 需要执行 DAD 来验证该地址的唯一性。PC1 发出一条 NS 报文,该报文的源地址是未指定地址::,目的地址是与该全局单播地址相对应的请求节点组播地址。如果有其他节点正在使用该全局单播地址,那么该节点就会使用 NA 报文响应,此时该全局单播地址无效,需要重新自动配置生成。如果等待特定时间间隔后,PC1 仍未收到关于该地址的 NA 报文,那么该地址就正式配置给主机 PC1。

下面详细介绍 DAD 检测机制。

在上述 IPv6 无状态地址自动配置过程中,网络节点需要使用 DAD 机制来确认自动配置的 IPv6 地址是否被其他节点使用。如果通过 DAD 机制发现了重复地址,那么接口就不能使用该地址。如图 5-15 所示,PC1 配置了地址 2001::1,它在使用该地址前必须进行 DAD。DAD 检测机制的具体过程见图 5-15。地址 2001::1 在进行 DAD 检测之前称为试验地址。

PC1 通过发出 NS 消息来确定网络中是否还有其他节点使用该 IPv6 地址。如图 5-15 所示,PC1 发出 NS 消息,源地址为未指定地址::,目的地址为 2001::1,对应的请求组播地址为 FF02::1:FF00:1。如果这时 PC2 的 IPv6 地址是 2001::1,那么它在收到 PC1 的 NS 消息后会用 NA 消息进行响应,告诉 PC1 自己也在使用该地址;否则,PC2 将不会响应。

PC1 在发出 NS 报文后会设置一个定时器,如果它在定时器内收到了 NA 报文,则说明该试验地址已经被其他节点占用,此时 PC1 会停止使用该地址,并随机生成新的接口 ID,重新创建一个新的 IP 地址;如果 PC1 在定时器内没有收到 NA 报文,则说明该地址可以使用,该地址会从试验状态切换到已分配状态。

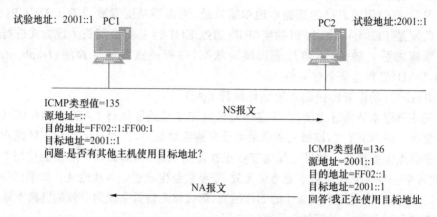

图 5-15　DAD 检测机制的具体过程

5.5　报文重定向

重定向是指如果在数据报转发过程中,网络核心中的某一台路由器发现源主机通过自己转发给目标主机的路由不是最佳的,并能判断出更佳的路由,则可通过 ICMPv6 的重定向报文通告源主机,告诉其最佳的路由,源主机收到该通告报文后,其后的数据报将按照路由通告的路由进行转发。

对希望发送报文的主机来说,第一跳的选取是非常重要的。为了正确选择第一跳,主机可以先发送路由器请求报文并接收路由器通告报文,然后根据获取的路由器信息来选取第一跳。虽然这种发现第一跳路由器的方式简单,但主机不能保证这个路由器就是到达特定目的主机的最佳第一跳路由器。

当一个路由器发现报文从其他路由器转发的效果更好时,它就会向源主机发送重定向报文,让源主机选择另一个路由器转发数据报文。重定向报文也封装在 ICMPv6 报文中,其类型字段值为 137,报文中携带更好的下一跳路由器地址和需要重定向转发报文的目的地址等信息。

如图 5-16 所示,源主机 A 和目的主机 B 通信,一开始,主机 A 选择 RA 为第一跳路由器,然后再通过路由器 RB 将数据报文转发出去。但 IPv6 分组选中的路由器 RA 并不是最佳第一跳路由器,路由器 RA 会向主机 A 发送重定向报文,如图 5-17 所示。

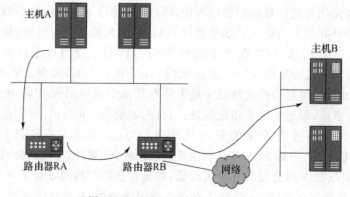

图 5-16　选取 RA 为第一跳路由器

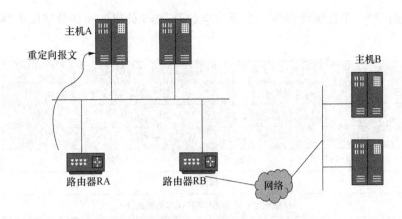

图 5-17　路由器 RA 向主机 A 发送重定向报文

下面看一个报文重定向的例子,如图 5-18 所示。

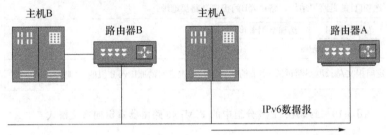

邻居重定向数据报内容:
ICMPv6 类型值=137
源地址=路由器A的本地链路地址
目的地址=主机A的本地链路地址
数据1:目标地址=路由器的本地链路地址
数据2:目的地址=主机B的IP地址

图 5-18　报文重定向示例

由图 5-18 所示,主机 A 需要和主机 B 通信,其默认网关设备是路由器 A,当主机 A 发送数据报给主机 B 时,数据报会被送到路由器 A。路由器 A 收到主机 A 发送的数据报以后会发现主机 A 的数据报直接发送给路由器 B 更好。路由器 A 将发送一个重定向报文给主机 A,该报文中更好的下一跳地址为路由器 B 的本地链路地址,被重定向的目的地址为主机 B。主机 A 收到重定向报文之后,会在默认路由表中将路由器 B 添加为一个主机默认路由器,以后发往主机 B 的数据报就直接被发送给路由器 B 进行转发。

封装在 IPv6 分组中的 ICMPv6 路由器重定向报文格式如图 5-19 所示。

重定向报文的部分字段说明如下。

类型字段的值为 137。代码字段的值必须置为 0。校验和字段保存整个 ICMPv6 报文的检验和。保留字段暂时不用,其值必须等于 0。目标地址是到达目的主机的最佳第一跳路由器的 IPv6 本地链路地址。被重定向的目的地址表示被重定向的原 IPv6 分组的目的地址,是报文重定向示例中目的主机 B 的 IPv6 地址。可选项字段包含一些可选参数。一个选项代码是目的链路层地址,是报文重定向示例中路由器 B 的本地链路地址。由路由器 A 向源主机 A

提供这个信息。另一个选项代码为 4,把重定向的原 IPv6 分组的一部分字段内容设置在该选项字段里。

版本号=6	传输类型		流标识=0	
净荷载荷长度		下一首部=58		跳数极限=255
源IPv6地址:路由器RA的IPv6地址				
目的IPv6地址:主机A的IPv6地址				
类型=137	代码=0		校验和(2字节)	
保留=0				
目标地址:路由器B的IPv6本地链路地址				
被重定向的目的地址:目的主机B的IPv6地址				
选项代码=2	选项数据长度=1			
可选项(目的链路层地址:路由器B的接口链路层地址)				
选项代码=4	选项数据长度			
保留=0				
在重定向报文总长度不超过576字节的情况下,把重定向的原IPv6分组的一部分复制在这里				

图 5-19 封装在 IPv6 分组中的 ICMPv6 路由器重定向报文格式

5.6 邻居发现选项类型及格式

每个邻居发现协议报文都包含零个或多个选项,在一个报文中某些选项可能会出现多次。

报文选项的通用格式为:类型-长度-值,如图 5-20 所示。类型字段指定了选项的类型。长度字段值单位为 8 字节,包括类型和长度字段的长度。

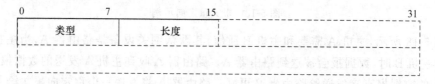

图 5-20 报文选项的通用格式

每种报文类型可能的选项如表 5-3 所示。

表 5-3 每种报文类型可能的选项

报文类型	可能的选项
路由器请求报文	源链路层地址选项
路由器通告报文	源链路层地址选项、MTU 选项、网络前缀选项、路由信息选项
邻居请求报文	源链路层地址选项
邻居通告报文	目标链路层地址选项
重定向报文	目标链路层地址选项和重定向首部选项

5.6.1 链路层地址选项

链路层地址选项可以是源链路层地址选项，也可以是目标链路层地址选项。路由器请求报文、路由器通告报文和邻居请求报文都包含了含有发送端的源链路层地址选项，邻居通告报文和重定向报文都包含了含有目标主机的目标链路层地址选项。图 5-21 列出了链路层地址选项的格式。

0
7
15
31
类型=1或2
长度
链路层地址

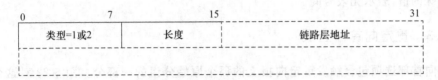

图 5-21 链路层地址选项的格式

对源链路层地址选项来说，类型字段值为 1；对目标链路层地址选项来说，类型字段值为 2。链路层地址的长度、内容和格式取决于运行 IPv6 的物理网络的特性。例如，在以太网上，链路层地址的长度为 6 字节。由于链路层地址选项的总长度为 8 字节，所以，长度字段被设置为 1。

5.6.2 网络前缀选项

网络前缀选项是路由器通告报文的一部分。路由器通告的网络前缀说明了哪些前缀是在链的(即通过直连链路是可达的)，哪些前缀是可以用于无状态地址自动配置的。图 5-22 列出了网络前缀选项的格式。

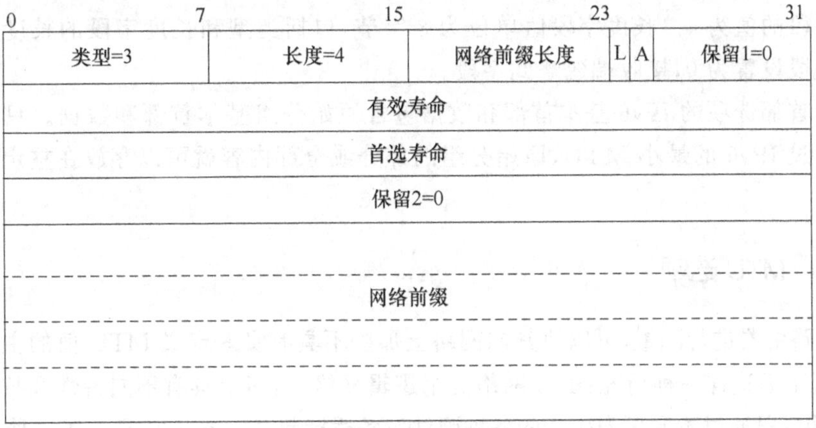

0
7
15
23
31
类型=3
长度=4
网络前缀长度
L
A
保留1=0
有效寿命
首选寿命
保留2=0
网络前缀

图 5-22 网络前缀选项的格式

网络前缀选项各字段介绍如下。

类型字段的值为 3，长度字段的值为 4，这说明网络前缀选项是 32 字节长。发送端必须将保留 1 字段和保留 2 字段设置为 0，接收端会忽略这些字段。

网络前缀长度字段是一个长度为 8 位的整数，表示有效前缀的前导比特数量。

A 字段被称为“自动地址配置”标志，长度为 1 位。A 字段值为 1 时，可以将提供的前缀用于无状态地址自动配置。

L 字段被称为“在链”标志，其长度为 1 位。L 字段值为 1 时，就可以认为提供的网络前缀是在链的。当 L 字段值为 0 时,不管网络前缀是在同一个链的还是链外的,都不能将网络前缀用于在链判定。

有效寿命字段是一个长度为 32 位的无符号整数,它的值是以秒为单位的,0xFFFFFFFF 是一个特殊的值,表示无限时间。网络前缀选项指定一个在链网络前缀时,有效寿命字段就指定一个以秒为单位的时间长度,在这段时间里,可以将网络前缀用于在链判定。

首选寿命字段是一个长度为 32 位的无符号整数,它的值是以秒为单位的,0xFFFFFFFF 是一个特殊的值,表示无限时间。

5.6.3 重定向首部选项

重定向首部选项包含触发重定向报文的那个原始分组的一部分。图 5-23 对这个选项的格式进行了详细描述。

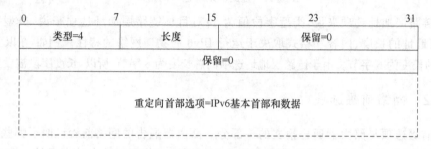

图 5-23 重定向首部选项的格式

重定向首部选项各字段介绍如下。

类型字段的值为 4。长度字段值单位为 8 字节,包括类型和长度字段的长度。发送端必须将保留字段设置为 0,接收端忽略此字段。

重定向首部选项的 IPv6 基本首部和数据包含原始分组基本首部和数据。只要整个重定向报文不超过 IPv6 的最小 MTU,原始分组的部分或全部内容就可以存放在重定向首部选项字段中。

5.6.4 MTU 选项

通过对路由器进行配置,可以使其向网络上那些不具有良好定义 MTU 值的主机发送链路 MTU。考虑下面这样一种情况:IPv6 网络是个逻辑网络,由多个具有不同特性和技术的物理网段组成,这些网段通过不同厂商生产的各种硬件设备桥接起来。图 5-24 显示了这种情况。

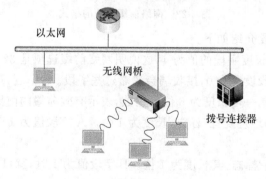

图 5-24 桥接各种网段的网络

如图 5-24 所示，IPv6 逻辑网络由 3 个网段组成：以太网段、无线网段和拨号网段。每个网段都可能有不同的 MTU 值，在每个网段都不产生 ICMPv6 太长报文的情况下，发送端无法知道应该将多大的 MTU 数据报发送给目标端。

图 5-25 详细列出了 MTU 选项的格式。其中，类型字段的值为 5。长度字段的值为 1，这说明该选项有 8 字节长。发送端必须将保留字段设置为 0，接收端忽略此字段。MTU 字段长度为 32 位，包含某一个网络中所有主机都要使用的 MTU 值。

0
7
15
31
类型=5
长度=1
保留=0
MTU

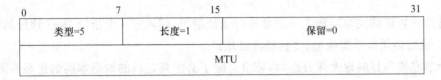

图 5-25　MTU 选项的格式

5.6.5　路由信息选项

路由信息选项会为特定的网络前缀设置路由器的优先级。图 5-26 详细列出了这个选项的格式。

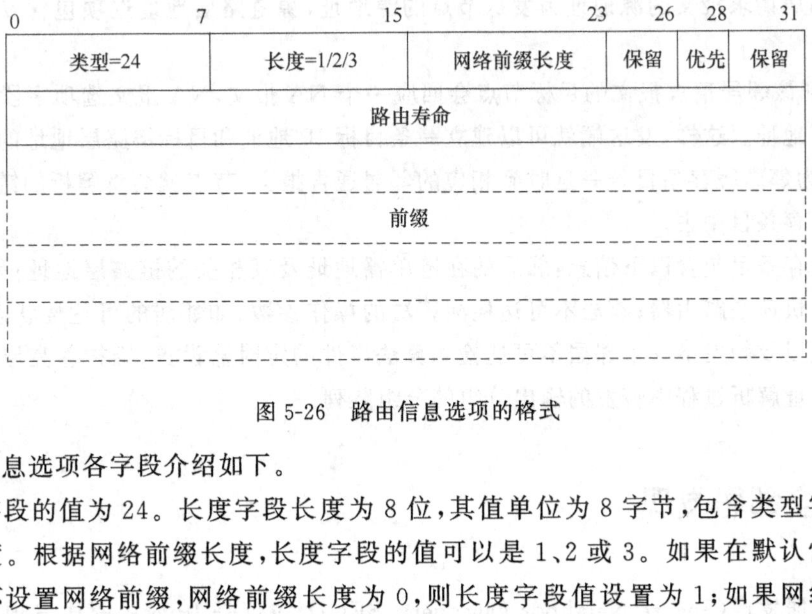

0
7
15
23
26
28
31
类型=24
长度=1/2/3
网络前缀长度
保留
优先
保留
路由寿命
前缀

图 5-26　路由信息选项的格式

路由信息选项各字段介绍如下。

类型字段的值为 24。长度字段长度为 8 位，其值单位为 8 字节，包含类型字段和长度字段的长度。根据网络前缀长度，长度字段的值可以是 1、2 或 3。如果在默认情况下路由信息选项不设置网络前缀，网络前缀长度为 0，则长度字段值设置为 1；如果网络前缀长度小于或等于 64 位，则长度字段的值设置为 2；如果网络前缀长度大于 64 位，则长度字段的值设置为 3。

网络前缀长度字段的长度为 8 位，表示有效的网络前缀长度。网络前缀长度字段是一个可变长字段，包含 IPv6 地址或者 IPv6 地址的网络前缀。这个字段的长度是由前缀长度值确定的。

优先字段是一个长度为 2 位的路由器优先级字段，它将路由器优先级编码为一个有符号的整数。如果网络有多个路由器广告网络前缀，则只有优先级最高的网络前缀才会被本地网络节点接收。如果优先字段包含保留值 0，就忽略路由信息选项。

两个保留字段都是长度为 3 位的字段。发送端将这个字段设置为 0,接收端忽略此字段。

路由器寿命字段是一个长度为 32 位的值,用于指定网络前缀的有效时长。值 0xFFFFFFFF 表示无限寿命。

5.7 下一跳判定和地址解析

邻居发现协议的主要功能之一就是进行地址解析,即判定一个指定 IPv6 地址的链路层地址。IPv6 地址必须是单播地址,并且是在链地址。

一个节点要向目的地发送分组时,该节点除了必须判定目的地是本网的还是外网的之外,还要判断如何才能抵达这个目的地。这个过程被称为下一跳判定,其过程为:发端节点判断目的节点是不是同一个网络,如果是,则下一跳地址和目的地址相同,对外网目的节点来说,它要从默认路由器列表中挑选一个路由器,在这种情况下,下一跳地址就是默认路由器的地址,至此,下一跳判定就结束了。

在确定了下一跳地址之后,接下来就需要得到下一跳节点对应的链路层地址,过程如下。

① 源节点发送一个目的地址为下一跳地址的请求节点组播地址(FF02::1)的邻居请求报文。该邻居请求报文的源地址为发送节点的源地址,源链路层地址选项包含发送端的链路层地址。

② 收到该邻居请求报文的目标节点会回应一个 NA 报文,NA 报文选项字段包含目标节点的链路层地址。这样,发送端就可以建立一条目标 IP 地址和目标链路层地址的映射关系的条目,简称为邻居缓存条目。一旦收到相应的邻居通告报文,节点就会将解析的链路层地址存储到邻居缓存条目中去。

邻居缓存条目包含以下信息:邻居的在链单播地址及其相关的链路层地址;邻居的类型,即邻居是主机还是路由器;邻居不可达检测算法的操作参数,如邻居的可达性状态、发送的未应答探测数以及触发下一个邻居不可达检测算法事件的定时器设置;维护着高层传送的输出分组或者地址解析过程中转发的输出分组的分组队列。

5.8 安全邻居发现

安全邻居发现(Secure Neighbor Discovery,SEND)协议是 IPv6 中邻居发现协议的一个安全扩展协议,用来解决邻居发现协议中涉及的安全问题。

邻居发现协议在 IPv6 中负责在本地链路上发现其他网络节点,从而确定其他节点的链路层地址,以及查找可用的路由器和维护至其他活动邻居节点路径的可达性信息。邻居发现协议的设计并不安全,易受恶意的干扰。SEND 的目的是使用 IPSec 机制保护 NDP 报文。

随着网络安全问题的日益突出,针对 ND 的安全性问题,标准协议总结了若干种攻击方法,如表 5-4 所示。

表 5-4　攻击方法和说明

攻击方法	说　明
NS/NA 欺骗	攻击者向合法节点发送包含不同源链路层地址选项的 NS 报文，或者包含不同目标链路层地址选项的 NA 报文，通过 NS/NA 欺骗，使得源端发送的报文发送到攻击者指定的主机，从而达到攻击的目的
NUD 检测失败	攻击者通过连续不断地发送伪造的 NA 报文来响应 NUD 检测中合法节点发送的 NS 报文，使得合法节点无法探测到邻居节点不可达。这种攻击的后果取决于邻居节点不可达的原因，以及节点在知道邻居节点不可达后所采取的具体行为
DAD 攻击	攻击者对每个接入网络的主机所发送的 DAD 进行响应，宣称拥有 DAD 检测的地址，从而使主机无法获得该地址
虚假的重定向报文	攻击者使用当前第一跳路由设备的链路本地地址向合法主机发送重定向报文，使合法主机将该重定向报文误认为来自第一跳路由设备的消息，从而接收该重定向报文
重放攻击	攻击者通过捕获合法的报文并且不断重放这些报文来达到攻击的目的。所以，即使 NDP 报文受到签名或证书的保护而使得其内容不能被伪造，但还是会受到重放攻击
虚假的直连前缀攻击	攻击者通过发送伪造的 RA 报文来指定某些网络前缀是直连的，从而使得主机不再向路由设备发送这个网络前缀的报文。相反，该主机将试图通过发送 NS 报文来执行地址解析，但实际上 NS 报文将不会被响应，主机将会受到拒绝服务的攻击
恶意的最后一跳路由设备	攻击者向试图发现合法的最后一跳路由设备的主机发送伪造的 RA 组播报文，或者对该主机发送的组播 RS 报文回应伪造的单播 RA 报文，使主机将攻击者误认为最后一跳路由设备。一旦主机选择攻击者作为它的缺省路由设备，攻击者就可以拦截通信双方的通话并插入新的内容

为应对这些攻击，标准协议中定义的 SEND 协议对 ND 协议进行了扩展。SEND 协议定义了加密生成的地址（Cryptographically Generated Address，CGA）、加密生成的地址选项（CGA 选项）和 RSA（Rivest Shamir Adleman）签名选项，用来验证 ND 报文发送者对报文源地址的合法拥有权。SEND 协议还定义了 Timestamp 和 Nonce 选项来防止重放攻击。

加密生成的地址：IPv6 地址的接口 ID 部分由公钥和附加参数组成，使用单向 HASH 函数计算生成。

CGA 选项：包含接收方在验证发送方的 CGA 时需要的一些信息，用来验证 ND 报文的发送者是其 IPv6 源地址的合法拥有者。

RSA 签名选项：包含发送方公钥的 HASH 值，以及使用发送方私钥对 ND 报文摘要进行 RSA 加密生成的数字签名。

应当说明的是，当攻击者声称其为某地址（此地址属于合法节点地址）的拥有者时，它必须使用合法节点的私钥进行加密，否则接收者可以通过 CGA 选项的校验发现其攻击行为，因为攻击者也许并不知道报文发送者用来制作数字签名的私钥。

第6章 路由选择协议

每当任意一对节点之间通信时,尤其是当该通信涉及驻留在不同网段的节点时,通信网络必须确定每个分组的流向。这一决策通常称为分组路由选择(routing)决策或者分组转发(forwarding)决策。相关的中介网络设备一般称为路由器(router),它负责完成路由选择功能,包括根据每个分组的最终目的地址做出路由选择决策。

每个路由器可以依据其手动配置的路由信息做出路由选择决策,但这种方式在大中型复杂网络中显然是行不通的。路由选择协议(Routing Protocol)提供了能够使路由器自动做出正确路由选择决策所必需的信息。由于分组的目的地址可能是单播或多播的地址,所以,路由选择协议分为单播路由选择(Unicast Routing)协议和多播路由选择(Multicast Routing)协议。

在 IPv4 领域中,RIPv2、OSPFv2 都是在诸如企业环境等中小网络中部署的单播路由选择协议,而 BGP-4 则是在诸如因特网服务提供商(Internet Service Provider, ISP)等大型组织中部署的通用路由选择协议。总体上讲,由于 IPv4 和 IPv6 在路由选择的概念上是一致的,因此这些路由选择协议就自然地被扩展以支持 IPv6。尽管分组的格式会有所改变,但原理在很大程度上仍然是一致的。

6.1 路由选择概述

节点通过路由信息来确定是否可以到达给定的目的地,以及通过哪条路由将分组送往目的地。路由信息可能是静态配置的,也可能是动态获取的。路由器与路由器之间通过一种或多种动态路由选择协议相互交换路由信息。每台路由器都建有称为路由选择信息库(Routing Information Base,RIB)的本地数据库来存储交换的路由信息。从 RIB 中选取一个子集建立专门用于转发分组的转发信息库(Forwarding Information Base,FIB)。

在 IPv4 和 IPv6 中,路由选择的概念是相同的。确切地说,路由选择的目的在于为目的地址在任意一对终端系统之间寻找一条无环路径,并依据某种给定的标准在路由选择时选取最佳路径。IPv4 有三种典型的路由协议,分别为 RIP、OSPF 和 BGP。上述三种路由协议经过更新之后可以在 IPv6 网络中运行,其对应的协议名称分别为 RIPng、OSPFv3 和 BGP4+。

路由选择协议的选择取决于多种因素,如路由选择域的直径、路由选择域中网络的规模和复杂性以及路由选择协议部署的复杂度和易用程度等。

总体上讲,根据协议部署的位置,可将路由选择协议分为内部路由选择协议(Interior Routing Protocol)和外部路由选择协议(Exterior Routing Protocol)。内部路由选择协议也称为内部网关协议(Interior Gateway Protocol,IGP),而外部路由选择协议也称为外部网关协议(Exterior Gateway Protocol,EGP)。

内部路由选择协议部署在由单个管理实体控制的路由选择域内部。在这种环境下,路由选择域也称为自治系统(Autonomous System,AS)。每个自治系统应该仅有一种路由选择管理策略。例如,内部路由选择协议部署在包含多个子网的组织的内部网中。换言之,内部路由选择协议部署在单个的路由选择域中,用于在同属一个路由选择域的路由器之间交换这些子网的路由信息。内部路由选择协议的示例有 RIPng 和 OSPFv3。

外部路由选择协议部署在由不同管理实体控制的路由选择域之间。例如,外部路由选择协议可部署在两个不同的因特网服务提供商之间。也就是说,外部路由选择协议部署的目的是在分属不同的自治系统的路由器之间交换路由信息。BGP4+就是外部路由选择协议的一个典型示例。

在每个 AS 中,少量路由器位于 AS 的边界上。这些路由器有时称为边界网关(Border Gateway)或边缘路由器(Edge Router),通过 EGP 与其他分属不同 AS 的边缘路由器交换路由信息。边缘路由器向其所属的自治系统的 IGP 广告外部可达网络,或者仅作为该 AS 访问因特网的默认路由器。图 6-1 展示了不同 AS 间 IGP 与 EGP 的关系。在这个示例中,每个 AS 都有一个参与 EGP 的边缘路由器。

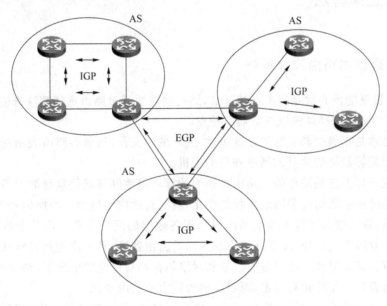

图 6-1 不同 AS 间 IGP 与 EGP 的关系

运行动态路由选择协议的目的在于为参与路由域的路由器提供关于网络和各独立节点的可达性信息。根据这些可达性信息,各路由器采用特定的路由选择算法来计算到达这些网络和节点的适当的下一跳或者路径。路径是否无环取决于路由选择协议和该协议所分发的信息。路由选择算法工作的方式决定了路由选择协议报文中分发的信息类型。因此,路由选择协议还可以根据路由计算所采用的路由选择算法进行分类。路由选择算法可分为基于向量

(Vector-Based)的路由选择算法和链路状态(Link-State)路由选择算法。基于向量的路由选择算法可进一步划分为距离向量(Distance Vector)路由选择算法和路径向量(Path-Vector)路由选择算法。RIPng采用距离向量路由选择算法,BGP4+采用路径向量路由选择算法,OSPFv3采用链路状态路由选择算法。

路由选择协议的设计要满足不同的目标集。路由选择协议,更确切地说是路由选择协议所采用的路由选择算法,必须能够根据预先设定的标准来选择最佳路由。例如,路由选择算法可以依据遍历到目的地的最少跳数来选择最佳路由。路由选择协议必须对网络拓扑结构和网络环境的变化具有一定的健壮性。例如,当路由器接口发生故障或者一个或多个路由器发生故障时,路由选择协议必须能够继续发挥作用。路由选择协议必须有较好的收敛速率(Convergence Rate)。当网络拓扑结构或者网络环境发生改变时,路由选择协议必须要有将此信息迅速告知所有相关路由器的能力,以避免发生路由选择问题。收敛速率是指所有参与路由器感知情况变化所需要的时间。路由选择协议的设计应该满足运行开销低、部署相对简单等要求。

预先选定的标准决定谁是最优路由。这些衡量标准可以是静态的,也可以是动态的。静态衡量标准的例子有路径长度或者采用特定路径的资金投入。路径长度可能是简单的跳数,也可能是给定路径所有链路的总开销。在典型情况下,系统管理员会为每条链路赋予相应的开销值。动态衡量标准的例子有测得的网络负载、延迟、可用带宽以及可靠性(如出错率和丢失率)。

6.2 路由选择算法

6.2.1 理想的路由选择算法

路由选择协议的核心就是路由选择算法,路由器需要通过路由选择算法来创建路由表。一个理想的路由选择算法应具有如下特点。

- 算法必须是正确的和完整的。这里,"正确"的含义是:沿着各路由表所指引的路由,分组一定能够最终到达目的网络和目的主机。
- 算法在计算上应是简单的。路由选择的计算不应使网络通信量增加太多的额外开销。
- 算法应能适应通信量和网络拓扑的变化,具有自适应性能力。当网络中的通信量发生变化时,算法能自适应地改变路由以均衡各链路的网络负载。当某个或某些节点、链路发生故障不能工作,或者网络中加入新的路由器后,算法应能及时地改变路由。
- 算法应具有稳定性。在网络通信量和网络拓扑相对稳定的情况下,路由选择算法产生的路由表应该保持相对稳定,而不应出现较大的路由变化。
- 算法应是公平的。除了少数优先级高的用户之外,路由选择算法应对其他用户都是平等的。例如,若仅使某一用户的端到端时延最小,却不考虑其他用户,这就明显不符合公平性的要求。
- 算法应是最佳的。路由选择算法应当能够找出最好的路由,使得分组平均时延最小而网络的吞吐量最大。虽然我们希望得到"最佳"的算法,但这并不总是最重要的。对于某些网络,其可靠性有时比最小的分组平均时延或最大的网络吞吐量更加重要。因此,所谓"最佳"只是相对于某一种特定要求下得出的较为合理的选择而已。

一个实际的路由选择算法应尽可能接近理想的算法。在不同的应用条件下,对以上提出的 6 个特点可有不同的侧重。

首先应当指出,路由选择是个非常复杂的问题,因为它是网络中所有节点共同协调工作的结果。其次,路由选择的环境往往是不断变化的,而这种变化有时无法事先知道,如网络故障。此外,当网络发生拥塞时,就特别需要能够缓解这种拥塞的路由选择策略,但也正是在这种条件下,很难从网络中的各节点获得所需的路由选择信息。

从路由选择算法能否随网络的通信量或拓扑自适应地进行调整和变化来划分,它可以分为两大类,即静态路由选择算法与动态路由选择算法。静态路由选择也叫作非自适应路由选择,其特点是简单和开销较小,但不能及时适应网络状态的变化。对于简单的小网络,完全可以采用静态路由选择,用人工配置每一条路由。动态路由选择也叫作自适应路由选择,其特点是能较好地适应网络状态的变化,但实现起来较为复杂,开销也比较大。因此,动态路由选择适用于较复杂的大网络。

6.2.2　距离向量路由选择算法

采用距离向量路由选择算法的路由选择协议主要有 IPv4 中的 RIP 和 IPv6 中的 RIPng。

采用距离向量算法的路由器会将其本地路由选择数据库初始化为与其直接相连的网络和节点的地址及开销。这些信息通过路由选择协议报文与其他直接相连的路由器进行交换。当路由器收到来自邻居路由器的路由选择协议报文时,它会将这些路由选择协议报文到达该网络的开销加到路由选择协议报文中广告的所有目的地上去。一个目的地可能出现在由不同邻居路由器发出的多个路由选择协议报文中。接收路由器选择告知开销最小的路由器作为下一跳的首选目的地,同时更新该网络的最小度量。接下来,接收方路由器采用更新后的度量对目的地进行再次广告。

图 6-2 展示了距离向量路由选择算法在一个拓扑结构非常简单的网络中是如何工作的。图 6-2 中有 3 个依次相连的路由器(A、B 和 C),其中路由器 A 连接在叶子网络 N 上。为简单起见,我们将注意力集中在叶子网络 N 的路由信息上,并假设任意链路的开销值均为 1。

图 6-2 中的箭头标注了路由器之间的路由信息,标出了目的地信息(N)和到达目的地的总开销。各路由器旁边的框表示路由表,其条目为 <目的地,度量,下一跳路由器> 的组合。例如:路由器 B 收到由邻居路由器 A(默认其开销值最小,因为它是网络 N 中唯一的路由器)发布的信息后,将该路由信息加入自身的路由表中;路由器 B 再向路由器 C 重新公告最新的到达目标网络的开销值;最终,所有路由器都将收敛到一个稳定的状态,即每个路由器都知道到达叶子网络 N 的路径;路由器 C 将前往网络 N 的任意分组都转发给路由器 B,路由器 B 再将其转发给路由器 A,路由器 A 将该分组发往网络 N 中的最终目的地。

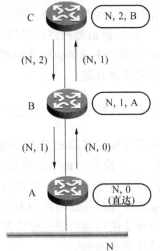

图 6-2　距离向量路由选择算法的工作原理

从该示例可以看出,距离向量路由选择算法的主要优点是简易、易于理解和实现。但其简易性也带来了一定的代价。距离向量路由选择算法的主要缺点在于应对网络拓扑结构变化时具有脆弱性。

考虑图 6-3 所示的情形,路由器 A 和 B 之间的链路断开。路由器 B 检测到该链路故障后,得知网络 N 当前已不可达,所以就删除了关于网络 N 的路由信息。在纯粹的距离向量路由选择算法中,路由器 B 除了上述操作外不再有进一步动作。但因为路由器 C 中还有网络 N 的原有路由信息,所以它反过来向路由器 B 广告已过时的路由,从而造成路由器 B 建立了开销更大的路由信息。路由器 B 之所以接收 C 的广告,是因为它知道,路由器 A 因链路故障已经不再可达,并且 B 以前并未从 C 接收任何关于网络 N 的路由。此时,路由器 B 和 C 之间就建立起了路由选择环路。路由器 B 随后就将向路由器 C 广告开销更大的同一条路由。开销更大的路由会覆盖 C 原有的路由条目,原因是路由器 C 认为其关于网络 N 的路由来自 B 的原始告知。该迭代过程会一直持续下去,直至广告的开销值达到协议所设置的上限。这种现象称为无穷计数(Counting to Infinity)问题。

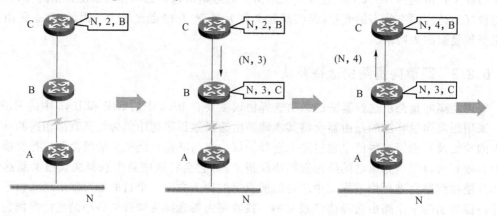

图 6-3　距离向量路由选择算法的无穷计数问题

尽管某些技术能够缓和该问题,但没有一种技术能从根本上弥补距离向量路由选择算法的缺陷。即便在特定类型的部署中该问题已得到解决,然而,当拓扑结构发生变化,网络中有较慢的链路时,采用距离向量路由选择算法的路由收敛通常要比采用其他算法的路由收敛耗费更长的时间。

在距离向量路由选择算法中,路由器存储和分发的仅仅是到达已知目的地的当前最佳的路由。因此,路由器的路由计算在很大程度上依赖于其他路由器先前的计算结果。另外,由于仅给定了到达任意目的地的距离,所以距离向量路由选择算法无法辨别路由的起源,从而也就无法避免路由环路。

6.2.3　路径向量路由选择算法

基于路径向量路由选择算法的路由选择协议主要包括 IPv4 中的 BGP4 和 IPv6 中的 BGP4+。在路径向量路由选择算法中,可达性信息不包含到达目的地的距离,这种算法不像距离向量路由选择算法那样仅含有下一跳的信息,而是含有到达目的地的整条路径。运行路径向量路由选择算法的路由器在重新分发路由信息时,会将自身包含在路径中。路径向量路由选择算法使得路由器能够检测到路由选择环路。考虑如图 6-4 所示的路径向量路由选择算法的环路检测的例子。

在图 6-4 中,每台路由器广告的路由信息包括目的网络 N 和到达 N 的完整路径。路由器 A 向 B 广告关于 N 的路由信息,该路径上唯一的路由器是 A,因为 N 是直接附在 A 上的网络。当路由器 B 向路由器 C 重新分发该路由信息时,就将自身加入路径中。在路由器 C 上,到达 N 的路由路径包含路由器 A 和路由器 B。如果路由器 C 试图将该路由信息重新回送到路由器 B,这时路由器 B 会发现自己已经在路由路径中。在此情况下,路由器 B 将拒收来自路由器 C 的该条路由广告,从而就避免了路由环路。

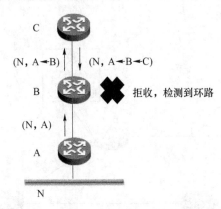

图 6-4 路径向量路由选择算法的环路检测

由于每个广告包含完整的路由信息,因此路径向量路由选择算法就可以在决定接收哪些广告的路由信息方面采取更优的策略控制,并通过策略控制改变路由的计算和选择。

6.2.4 链路状态路由选择算法

运行链路状态路由选择算法的路由器向邻居路由器广告与其相连的每一条链路的状态,即链路状态(Link State)。接收链路状态信息的路由器将这个信息存储在自己的本地数据库中。接收者会不加修改地向所有邻居路由器再次分发刚收到的链路状态信息,最终,所有在 AS 中使用该链路状态路由选择算法的路由器都将收到相同的链路状态信息。每台路由器根据链路状态信息独立计算到达所有可能目的地的路径。

图 6-5 为链路状态路由选择算法的第 1 阶段:洪泛链路状态。为简单起见,本例假定链路状态即邻居路由器集合,例如,A 的邻居路由器为 B 和 C,其链路状态为 A-B(d1)和 A-C(d2),简化为路由器集合 B、C,其中 d1 和 d2 为链路状态值。在实际的路由选择协议中,如 OSPFv3 中,链路状态包含更多的参数,如每个链接的开销和叶子网络信息。本例还假定通过洪泛(flooding)机制在整个 AS 中广告链路状态。

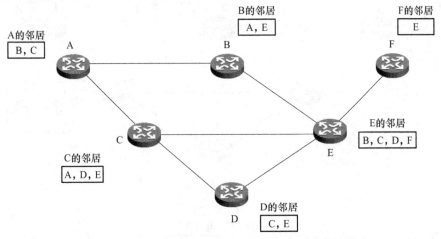

图 6-5 链路状态路由选择算法的第 1 阶段:洪泛链路状态

一旦路由器从所有其他路由器中搜集到链路状态,它就能够构建整个网络的带权树形图,也称为最短路径树(Shortest Path Tree)。图 6-6 为链路状态路由选择算法的第 2 阶段:建立最短路径树,它计算出了到达目标网络各部分的最短路径。生成最短路径树所采用的算法称为迪杰斯特拉(Dijkstra)算法。

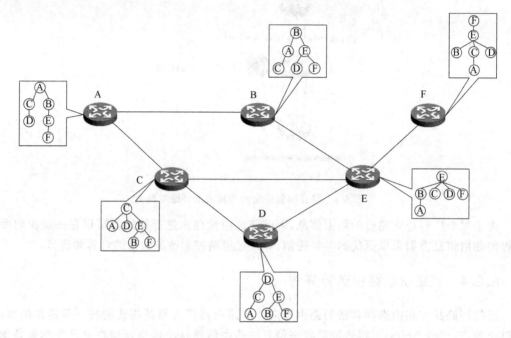

图 6-6　链路状态路由选择算法的第 2 阶段:建立最短路径树

各路由器一旦计算出树形图,便根据该图转发分组。图 6-7 标识出了从路由器 A 到路由器 F 的转发路径。每台路由器根据树形图将分组转发给路径中合适的下一跳,其结果必然是无环路的,并且是到达目的地的最短路由。

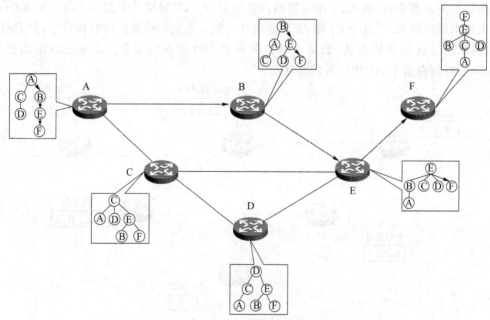

图 6-7　根据最短路径树进行路由选择

源自所有路由器的链路状态信息的洪泛,使得每个路由器都能获得 AS 中拓扑结构的完整视图,都能独立构建路由表,这可以从距离向量路由选择算法和链路状态路由选择算法的比较中看出来。在距离向量路由选择算法中,每台路由器都向邻居路由器发送其整个路由选择数据库,这是因为基于向量的算法采用的是分布式路由计算方案。相反,运行链路状态路由选择算法的路由器之间仅分发各路由器的链路状态信息,因此各路由器间交换的信息量相当小。对于网络环境变化的反应而言,运行距离向量路由选择算法的路由器之间交换的信息可能包含已经过时的信息。也就是说,某些路由器可能会将不可达的网络作为可达的网络进行广告。这些过时信息会延长收敛时间。而链路状态路由选择算法仅交换属于特定路由器的信息,各路由器在计算其路由选择数据库时更为独立。这是链路状态路由选择算法具有快速收敛速率的原因之一。

总之,距离向量路由选择算法局部地发送全局性的路由选择信息,而链路状态路由选择算法全局性地洪泛局部信息。

6.3　距离向量路由选择协议

6.3.1　RIP 协议

路由信息协议（Routing Information Protocol,RIP）是内部网关协议中最先得到广泛使用的协议,它是一种分布式的基于距离向量的路由选择协议,主要应用在 IPv4 之中。

RIP 协议要求网络中的每一个路由器都要维护从它自己到其他每一个目的网络的距离记录,因此,这是一组距离,即"距离向量"。RIP 协议将"距离"定义如下。

RIP 协议的"距离"也称为"跳数"（Hop Count）,从一个路由器到直接连接的网络的距离定义为 0。每经过一个路由器,跳数就加 1。RIP 认为好的路由通过的路由器的数目少,即"距离短"。RIP 允许一条路径最多只能包含 15 个路由器。因此"距离"等于 16 时就相当于目的地不可达。可见,RIP 只适用于小型互联网。

RIP 不能在两个网络之间同时使用多条路由。RIP 会选择一条具有最少路由器的路由（最短路由）,哪怕还存在另一条高速（低时延）但路由器较多的路由。

RIP 要求每一个路由器都要不断地和其他一些相邻路由器交换路由信息,其特点如下。

- 仅和相邻路由器交换信息。如果两个路由器之间的通信不需要经过另一个路由器,那么这两个路由器就是相邻的。RIP 协议规定,不相邻的路由器不交换信息。
- 路由器交换的信息是当前本路由器所知道的全部信息,即自己现在的路由表。也就是说,交换的信息是:"我到本自治系统中所有网络的最短距离以及到每个网络应经过的下一跳路由器"。
- 按固定的时间间隔交换路由信息,如每隔 30 s。路由器之后根据收到的路由信息更新路由表。当网络拓扑发生变化时,路由器也要及时向相邻路由器通告拓扑变化后的路由信息。

这里要强调一点:首先,路由器在刚刚开始工作时,它的路由表是空的;其次,路由器得到直接相连的几个网络的距离;最后,每一个路由器也只和数目非常有限的相邻路由器交换路由信息。但经过若干次更新后,所有的路由器最终都会知道到达本自治系统中任何一个网络的最短距离和下一跳路由器的地址。

RIP 协议看起来有些奇怪,因为"我的路由表中的信息要依赖于你的,而你的信息又依赖于我的"。然而事实证明,通过这样的方式——我告诉别人一些信息,而别人又告诉我,在自治系统中,所有的节点最后都得到了正确的路由选择信息。在一般情况下,RIP 协议可以收敛,并且过程也较快。"收敛"就是在自治系统中所有的节点都得到正确的路由选择信息的过程。

每一个路由器的路由表中最主要的信息就是:到某个网络的距离(最短距离)以及应经过的下一跳地址。路由表更新的原则是找出到达每个目的网络的最短距离。这种更新算法又称为距离向量路由选择算法。下面介绍 RIP 协议使用的距离向量路由选择算法的工作原理。

对每一个相邻路由器发送过来的 RIP 报文,进行以下步骤。

(1) 对于地址为 X 的相邻路由器发来的 RIP 报文,先修改此报文中的所有项目:把下一跳字段中的地址都改为 X,并把所有的距离字段的值加 1。每一个项目都有 3 个关键数据:到目的网络 N;距离是 d;下一跳路由器是 X。

(2) 对于修改后的 RIP 报文中的每一个记录,接收路由器需进行以下步骤来更新路由表。

① 若原来的路由表中没有目的网络 N,则把该记录添加到路由表中。

② 若原来的路由表有目的网络 N,分两种情况:若下一跳路由器地址是 X,则用收到的记录替换原路由表中的记录;若下一跳路由器地址不是 X,且收到记录中的距离 d 小于路由表中的距离,则进行更新,否则什么也不做。

(3) 若 3 分钟之内没有收到相邻路由器的更新路由表,则把此相邻路由器记为不可达的路由器,即把距离置为 16(距离为 16 表示不可达)。

(4) 返回。

上面给出的距离向量路由选择算法的基础是 Bellman-Ford 算法(或 Ford-Fulkerson 算法)。这种算法的核心思想是:设 X 是节点 A 到 B 的最短路径上的一个节点。若把路径 A→B 拆成两段路径 A→X 和 X→B,则每一段路径 A→X 和 X→B 分别是节点 A 到 X 和节点 X 到 B 的最短路径。

6.3.2 RIPng 报文

RIPng(RIP next generation)又称为下一代 RIP,它是对原来 IPv4 网络中 RIP-2 的扩展,主要应用在 IPv6 网络中。RIPng 协议算法基于 Bellman-Ford 算法。它通过 UDP 报文交换路由信息,使用的端口号为 521。

RIPng 报文由基本首部和多个路由表项(Routing Table Entry,RTE)组成。在同一个 RIPng 报文中,RTE 的最大表项数与发送接口设置的 MTU 值有关。

图 6-8 给出了 RIPng 报文格式。其中,括号中的十进制值表示该字段长度的字节数。

图 6-8 RIPng 报文格式

RIPng 报文格式中各个字段介绍如下。

(1) 命令。该字段指定 RIPng 报文是请求报文还是响应报文。值为 1 表示请求报文,值为 2 表示响应报文。

(2) 版本。该字段指定 RIPng 协议采用的版本。

(3) 保留字段。该字段设置为 0。

(4) 路由表项。该字段的长度为 20 字节,有两种 RTE 类型,分别为下一跳 RTE 和 IPv6 网络前缀 RTE。

下一跳 RTE 位于一组具有相同下一跳的"IPv6 网络前缀 RTE"的前面,它定义了下一跳的 IPv6 地址。下一跳 RTE 的格式如图 6-9 所示,其中,IPv6 next hop address 表示下一跳的 IPv6 地址,大小为 16 字节,每一个 RTE 为 20 字节。IPv6 网络前缀 RTE 位于某个"下一跳 RTE"的后面。同一个"下一跳 RTE"的后面可以有多个不同的"IPv6 网络前缀 RTE"。它描述了 RIPng 路由表项中的目的 IPv6 网络前缀、路由标签、网络前缀长度以及度量值,其格式如图 6-10 所示。

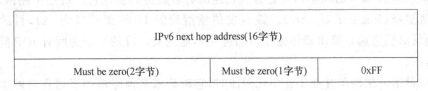

IPv6 next hop address(16字节)		
Must be zero(2字节)	Must be zero(1字节)	0xFF

图 6-9 下一跳 RTE 的格式

IPv6网络前缀(16字节)		
路由标签(2字节)	网络前缀长度(1字节)	度量(1字节)

图 6-10 IPv6 网络前缀 RTE 的格式

各字段解释如下。

(1) IPv6 网络前缀。该字段长度为 16 字节,根据网络前缀长度来指定一个目标 IPv6 网络或者一个 IPv6 终端节点地址。

(2) 路由标签。该字段表示要广告的目的地的属性。

(3) 网络前缀长度。该字段指定了 IPv6 网络前缀字段中网络号的比特数。网络前缀长度的有效取值范围是 0~128。网络前缀长度一般为 64 位。IPv6 中使用前缀长度的概念代替了 IPv4 中的子网掩码。

(4) 度量。该字段表示到达目的网络的开销,大小为 1 字节,但其有效值为 0~15,其极限值为 16,表示目的网络不可达。

6.3.3 RIPng 路由信息请求和确认报文

1. RIPng 路由信息请求(Request)报文

当 RIPng 路由器启动后或者需要更新部分路由表项时,便会发出路由信息请求报文,向邻居请求需要的路由信息,通常情况下以组播方式发送。

收到路由信息请求报文的 RIPng 路由器会对其中的 RTE 进行处理。如果路由信息请求报文中只有一项 RTE,且 IPv6 网络前缀和网络前缀长度都为 0,度量值为 16,则表示请求发送全部路由信息,被请求路由器收到后会把当前路由表中的全部路由信息,以路由信息确认报文形式发回给请求路由器。如果路由信息请求报文中有多项 RTE,被请求路由器将对 RTE逐项处理,更新每条路由的度量值,最后以路由信息确认报文形式返回给请求路由器。

2. RIPng 路由信息确认(Response)报文

路由信息确认报文包含本地路由表的信息,一般在下列情况下产生:对某个 Request 报文进行响应;作为更新报文周期性地发出;在路由发生变化时触发更新。

收到路由信息确认报文的路由器会更新自己的 RIPng 路由表。为了保证路由的准确性,RIPng 路由器会对收到的路由信息确认报文进行有效性检查,比如源 IPv6 地址是不是链路本地地址,端口号是否正确等,没有通过检查的报文会被忽略。

6.3.4 RIPng 操作

RIPng 协议运行于 UDP 之上。因特网地址分配机构为 RIPng 进程分配的端口号为 521。

路由器以每隔 30 s 的频率向与它直接相连的邻居路由器发送自己的整个路由表,这个过程称为常规更新(Regular Update)。该自发传输所用的 UDP 源端口为 521,目的端口也为521。源地址必须是起始路由器传输接口的链路本地地址。目的地址为所有 RIP 路由器多播地址 ff02::9。

当路由器第一次启动并处于初始化阶段时,它将请求其他路由器发送各自路由表以建立自己的路由表。该请求会发送给每个连接接口的所有 RIP 路由器多播地址。

当路由器收到邻居发来的报文时,如果该报文包含的目的地址在自己的路由表中不存在,或已有路由条目的度量值或下一跳地址被新收到的 RTE 更新过,那么路由表中相应的路由条目就会根据新信息来创建或更新。路由条目的下一跳地址设置为所收到报文的源地址,该地址是链路本地地址。此后,接收路由器会向其他所有接口发送更新报文。这个过程称为触发更新(Triggered Update)。

每个路由条目有两个定时器:超时(timeout)定时器和垃圾回收(Garbage Collection)定时器。在路由条目第一次建立时,超时定时器初始化为 180 s。每当收到含有该路由条目目的地的响应报文,超时定时器就重置为 180 s。如果未收到含有该目的地的报文,就认为该路由条目已经到期。在此情况下,一旦路由条目到期,其垃圾回收定时器就会被初始化为 120 s。当垃圾回收定时器也到期时,就会从路由表中删除该路由条目。设置垃圾回收定时器的目的在于提高收敛速度。

6.3.5 RIPng 协议的主要特征和问题

RIPng 协议的主要特征总结为以下几点。

- 路由选择算法以距离为主要依据为每个目的地选取最佳路由。
- 每条路由选择信息由目的地、下一条地址和到达目的地的距离组成。
- 路由器仅与直接相连的路由器交换路由选择信息。来自新的邻居路由器的路由信息可以动态地反映出来,但各路由器的状态维持不变。
- 路由选择信息的分发不可靠,其中的原因在于路由选择信息通过 UDP 交换,应用层无法感知。
- 路由的起源无法确定。

- 路由计算是分布式的,其中的原因在于路由器进行路由选择时很大程度上依赖于其他路由器进行路由选择时所做出的判断。
- 路由选择环路不能都被检测出来,也不能完全避免。
- 路由选择算法在应对网络拓扑结构更改时可能具有脆弱性,且收敛速度可能较为缓慢。

RIPng 协议的问题如下。

- 在较为复杂的网络拓扑结构中,它无法检测到路由选择环路。
- 在某些情况下,路由选择算法收敛速度缓慢,即"坏消息传得慢"。

6.3.6 RIPv1、RIPv2 和 RIPng 对比

根据上面的介绍,我们应该知道 RIPng 的目标并不是创造一个全新的协议,而是对 RIP 进行必要的改造以使其满足 IPv6 下的选路要求,因此,RIPng 的基本工作原理同 RIP 是一样的,其变化主要体现在 IP 地址和报文格式方面。下面分析 RIPv1、RIPv2 与 RIPng 之间的主要区别。

- 地址版本。RIPv1、RIPv2 是基于 IPv4 的,IP 地址只有 32 bit,而 RIPng 基于 IPv6,其使用的所有地址均为 128 bit。
- 子网掩码和前缀长度。RIPv1 被设计成用于无子网的网络,因此没有子网掩码的概念,这就决定了 RIPv1 不能用于传播变长的子网地址或 CIDR 的无类型地址。RIPv2 增加了对子网选路的支持,因此使用子网掩码区分网络路由和子网路由。IPv6 的地址前缀有明确的含义,因此 RIPng 中不再有子网掩码的概念,取而代之的是网络前缀长度。同样也是由于使用了 IPv6 地址,RIPng 也没有必要再区分网络路由、子网路由和主机路由。
- 协议的使用范围。RIPv1、RIPv2 不仅能适应 TCP/IP 协议簇,还能适应其他网络协议簇的规定,因此,报文的路由表项包含网络协议簇字段,但实际的实现程序很少被用于其他非 IP 的网络,因此 RIPng 中去掉了对这一功能的支持。
- 对下一跳的表示。RIPv1 中没有设置下一跳信息字段。RIPv2 中明确包含下一跳信息,以便选择最优路由和防止选路环路及慢收敛。与 RIPv2 不同,为防止 RTE 过长,同时也为了提高路由信息的传输效率,RIPng 中的下一跳字段是作为一个单独的RTE 存在的。
- 报文长度。RIPv1、RIPv2 中对报文的长度均有限制,规定每个报文最多只能携带 25个 RTE。而 RIPng 对报文长度、RTE 的数目都不做规定,报文的长度是由介质的MTU 决定的。RIPng 对报文长度的处理提高了网络传输路由信息的效率。
- 安全性。RIPv1 中并不包含验证信息,因此是不安全的,任何通过 UDP 的 520 端口发送分组的主机,都会被邻机当作一个路由器,从而很容易造成路由欺骗。RIPv2 设计了验证报文来增强安全性,进行路由交换的路由器之间必须通过验证才能接收彼此的路由信息,但是 RIPv2 的安全性还是很不充分的。IPv6 包含很好的安全性策略,因此RIPng 中不再单独设计安全性验证报文,而是使用 IPv6 的安全性策略。
- 报文的发送方式。RIPv1 使用广播来发送路由信息,这样一来,不仅路由器会收到分组,同一局域网内的所有主机也会收到分组,但这样做是不必要的,也是不安全的。因此,RIPv2 和 RIPng 既可以使用广播也可以使用组播发送报文,这样在支持组播的网络中就可以使用组播来发送报文,大大降低网络中传播的路由信息的数量。

6.4 链路状态路由选择协议

6.4.1 OSPF 和 OSPFv3 协议简介

OSPF 的全称为开放最短路径优先(Open Shortest Path First)。"开放"表明 OSPF 协议不受某一家厂商控制,而是公开发表的。"最短路径优先"是因为使用了最短路径算法(Shortest Path First,SPF)。

OSPF 只是一个协议的名字,并不代表其他的路由选择协议不是"最短路径优先"。实际上,所有在自治系统内部的路由选择协议都要寻找一条最短的路径。

OSPF 属于链路状态路由选择协议(Link State Protocol,LSP),而 RIP 则属于距离向量路由选择协议。OSPF 与 RIP 主要有以下 3 个不同点。

- OSPF 向本自治系统中所有路由器发送链路状态信息,使用的发送方法是洪泛法。所谓泛洪法就是指路由器通过其所有输出端口向所有相邻的路由器发送路由信息,而每一个相邻路由器又再将此信息发往其所有的相邻路由器,但不再发送给刚刚发来信息的那个路由器。这样,最终整个区域中所有的路由器都得到了这个链路状态信息的一个副本。而 RIP 仅向自己相邻的几个路由器发送路由信息。也就是说,一条相同的 RIP 路由信息只传送到相邻的路由器。
- OSPF 发送的信息是与本路由器相邻的所有链路的状态信息,但这只是路由器所知道的部分信息。所谓"链路状态"就是指本路由器都和哪些路由器相邻构成哪些链路,以及这些链路的"度量"。OSPF 用这个"度量"表示费用、距离、时延和带宽等。度量由网络管理人员决定,因此较为灵活。有时为了方便就称这个度量为"代价"。而对于 RIP 来说,它发送的信息是:"到所有目的网络的距离和下一跳地址"。
- 只有当链路状态发生变化时,OSPF 才使用洪泛法向所有路由器发送此链路状态信息。而不像 RIP 那样,不管网络拓扑发不发生变化,路由器之间都要定期交换路由表的信息。

从上述 3 个不同点可以看出,OSPF 和 RIP 的工作原理相差较大。

由于各路由器之间频繁地交换链路状态信息,因此所有的路由器最终都能建立一个链路状态数据库(Link-State Database,LSDB),这个数据库实际上就是全网的拓扑结构图。该拓扑结构图在全网范围内是一致的,这称为链路状态数据库的同步。因此,每一个路由器都知道全网共有多少个路由器、哪些路由器是相连的以及每一条链路的代价是多少。每一个路由器都对链路状态数据库使用 Dijkstra 算法,构造出自己的路由表。而对于使用 RIP 的每一个路由器来说,虽然它知道到所有的目的网络的距离以及下一跳路由器,但却不知道全网的拓扑结构,只有到了下一跳路由器,才能知道再下一跳应当怎样走。

OSPF 的链路状态数据库能较快地进行更新,使各个路由器能及时更新其路由表。相对 RIP 来说,OSPF 的更新过程收敛更快。

OSPF 目前有 OSPFv2 和 OSPFv3 两个版本。OSPFv2 是 IETF 组织开发的一个基于链路状态的内部网关协议,具有适应范围广、收敛迅速、无自环、便于层级化网络设计等特点,因此在 IPv4 网络中获得了广泛应用。OSPFv3 是 OSPF 版本 3 的简称,主要提供对 IPv6 的支持,遵循的标准为 RFC2740。

OSPFv3 协议把自治系统划分成逻辑意义上的一个或多个区域,通过链路状态广告(Link State Advertisement,LSA)的形式发布链路状态信息。OSPFv3 协议依靠在 OSPFv3 区域内各设备间交互 OSPFv3 报文来达到链路状态信息的统一。

OSPFv3 报文直接封装在 IPv6 协议之上,可以采用单播和组播的形式发送。而 RIPng 封装在 UDP 协议之上,BGP4+协议封装在 TCP 协议之上。因此,相对于 RIPng 和 BGP4+,OSPFv3 在 IPv6 网络中受到的影响更大。

6.4.2 路由器的邻接和 LSDB 同步

链路状态路由选择协议正常运行的关键在于可靠、及时的 LSDB 同步。由于刚开始运行的路由器必须从已经运行一段时间的另一台路由器中获取它的 LSDB 的大部分内容,因而 OSPF 引入了邻接(adjacency)的概念,它与 BGP 端对端的概念有些类似。两台路由器可能是邻居,但它们未必是邻接关系。OSPF 路由器只与它的邻接路由器交换链路状态信息。

假设一个网络中有 N 台路由器,如果一台路由器想同它所有的邻居邻接,并与这些邻居同步它的 LSDB,那么 LSDB 交换次数的阶次将是 N^2,这会引起巨大的链路状态信息流量和网络开销。为此,OSPF 引入了指定路由器(Designated Router,DR)和备份指定路由器(Backup Designated Router,BDR)的概念。每个网络的 DR 和 BDR 都是动态选出的。所有的路由器不是同每个邻居都建立邻接关系,而是仅与 DR 和 BDR 形成邻接关系。因为每台路由器仅与 DR 和 BDR 建立邻接关系,所以仅通过 DR 进行的 LSDB 同步所造成的链路状态信息流量和所需要耗费的时间都会显著减少。同时,来自某一台路由器的链路状态更新信息通过 DR 传播到所有其他的邻居。

OSPFv3 路由器首先发现它的邻居,随后通过 OSPFv3 的 Hello 协议与 DR 和 BDR 建立邻接关系。OSPFv3 路由器也能通过 Hello 协议确认与其邻居的双向连接关系。另外,DR 和 BDR 也是通过 Hello 协议选出的。BDR 保证了协议的可靠性,原因是当 BDR 通过 Hello 协议检测不到 DR 时,BDR 就成了 DR,并且同时选出一个新的 BDR。

LSDB 同步过程如下。

- 首先各路由器将数据库描述(Database Description)分组发送到它的邻接邻居。每个数据库描述分组描述位于发送方路由器 LSDB 中的 LSA 列表。接收方路由器对照自己的 LSDB 检查这些 LSA,并记录在其 LSDB 中缺少的或相对自己 LSDB 已更新的那些 LSA。
- 接收方路由器向它邻接的邻居请求那些指定的 LSA。当邻接的双方路由器都已经相互向对方发送过数据库描述分组,并且都已经相互收到它们请求的 LSA 时,LSDB 同步过程结束。

6.4.3 OSPF 区域和路由器分类

1. OSPFv3 区域

为了使 OSPFv3 用于较大规模的网络,OSPFv3 将自治系统划分为若干个更小的范围,叫作区域(Area)。每一个区域都有一个 32 位的区域标识符(用点分十进制表示)。当然,一个区域也不能太大,在一个区域内的路由器最好不超过 200 个。图 6-11 就表示一个自治系统划分为 4 个区域。

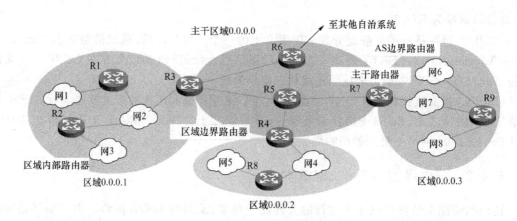

图 6-11　OSPF 区域和边界路由器

　　划分区域的好处就是把利用洪泛法交换链路状态信息的范围局限于每一个区域而不是整个自治系统,这就减少了整个网络上的链路状态通信量。在一个区域内部的路由器只知道本区域的完整网络拓扑,而不知道其他区域网络拓扑的情况。为了使每一个区域能够和本区域以外的区域进行通信,OSPF 使用分层次的方法来划分区域。在上层的区域叫作主干区域(Backbone Area,BA),其标识符规定为 0.0.0.0,作用是连通其他在下层的区域。

　　OSPF 区域可分为常规区域(Normal Area,NA)和主干区域。常规区域范围内的路由选择被称为区域内路由选择(Intra-Area Routing),而不同区域之间的路由选择则被称为区域间路由选择(Inter-Area Routing)。

2. 路由器分类

　　根据所处区域位置的不同,路由器可以划分为区域内部路由器(Area Internal Router,AIR)、区域边界路由器(Area Border Router, ABR)、AS 边界路由器(AS Boundary Router,ASBR)。附属于同一区域的路由器被称为区域内部路由器,附属于多个区域的路由器称为区域边界路由器。区域边界路由器为每个附属区域维护独立的 LSDB。与其他 AS 中的路由器交换路由信息并在本地 AS 中分发外部路由信息的路由器称为 AS 边界路由器。

　　在图 6-11 中,R1、R2 都是区域内部路由器,用于保存自己区域的链路状态信息。每一个区域至少应当有一个区域边界路由器,如 R3、R4。一个主干路由器也可以是区域边界路由器,如 R3、R4 和 R7。在主干区域内还要有一个路由器专门和本自治系统外的其他自治系统交换路由信息,这样的路由器叫作 AS 边界路由器,如 R6。

6.4.4　路由器 ID

　　在 OSPF 区域内,路由器 ID(Router ID,RID)作为唯一标识区分每一个路由器。RID 可以手动配置,也可以自动生成。如果没有指定 RID,将按照如下逻辑自动生成一个 RID:选取所有回环(Loopback)接口上数值较大的 IP 地址作为 RID;如果没有配置回环(Loopback)接口,那么选取所有网络接口中数值较大的 IP 地址作为 RID。

6.4.5　OSPFv3 报文格式与类型

1. OSPFv3 报文格式

OSPFv3 报文直接封装在 IPv6 报文中。OSPFv3 数据报直接采用 IPv6 协议封装。包含

OSPFv3 报文的 IPv6 数据报封装格式如图 6-12 所示。

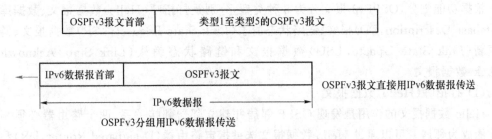

图 6-12　包含 OSPFv3 报文的 IPv6 数据报封装格式

OSPFv3 报文首部去除了 OSPFv2 中原有的地址相关字段,与网络协议无关。它和 OSPFv2 的报文首部有一些区别,其协议首部长度只有 16 字节,且没有认证字段,同时多了一个实例 ID 字段,该字段支持在同一条链路上运行多个实例。

OSPFv3 首部格式如图 6-13 所示。

图 6-13　OSPFv3 首部格式

OSPFv3 首部各字段说明见表 6-1。

表 6-1　OSPFv3 首部各字段说明

字段名称	字段长度/字节	字段含义
版本号	1	OSPF 的版本号,对于 OSPFv3 来说,其值为 3
类型	2	OSPFv3 报文的类型
报文长度	4	OSPFv3 报文的总长度,包括报文首部在内,单位为字节
路由器 ID	2	始发此报文的路由器 ID
区域 ID	4	发送该报文的所属区域
校验和	2	使用 IPv6 标准 16 位校验和。校验内容包括前导的 IPv6 伪首部和 OSPFv3 首部。伪首部中的上层数据包长度字段值等于 OSPF 首部中的报文长度字段值。如果报文长度不是 16 bit 的整数倍,则用 0 填充后进行计算。计算校验和时校验和字段本身设置为 0
实例 ID	1	缺省值为 0。允许在一个链路上运行多个 OSPFv3 的实例。每个实例应该具有唯一的实例 ID,实例 ID 只在本地链路上有意义。如果收到的 OSPF 报文的实例 ID 和本接口的实例 ID 不同,则丢弃这个报文
0	1	保留字段,必须填 0

2. OSPFv3 报文类型

根据功能划分,OSPFv3 报文分为 5 种类型,分别是打招呼(Hello)数据报文、数据库描述(Database Description,DD)报文、链路状态请求(Link State Request,LSR)数据报文、链路状态更新(Link State Update,LSU)数据报文和链路状态确认(Link State Acknowledge,LSAck)数据报文。

(1) 打招呼(Hello)数据报文

Hello 数据报文的作用是发现 OSPF 邻居并建立邻居邻接关系,两个路由器必须相互同意才能成为邻居。可以通过 Hello 数据报文选举指定路由器(Designated Router,DR)和备用指定路由器(Backup Designated Router,BDR)。

Hello 数据报文的格式如图 6-14 所示。

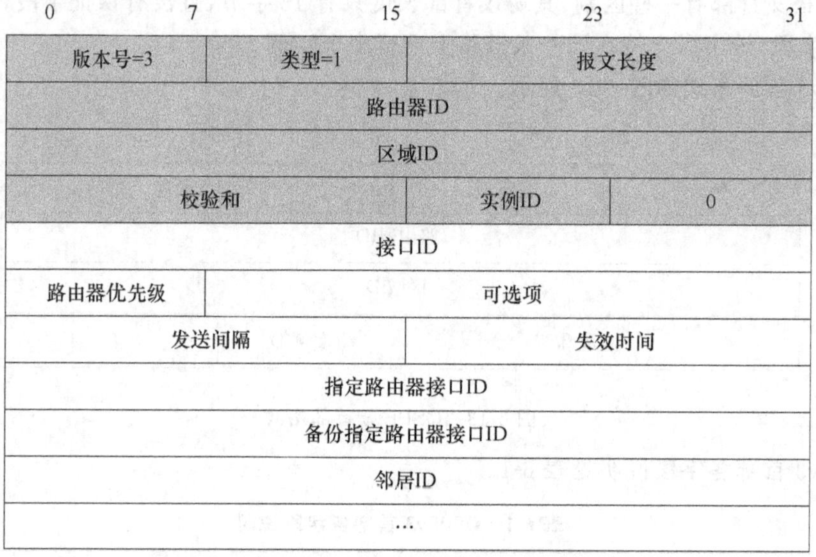

图 6-14　Hello 数据报文的格式

在图 6-14 中,前 16 个字节是 OSPFv3 基本首部,每种类型的报文都具有 OSPFv3 基本首部。Hello 数据报文部分字段说明如表 6-2 所示。

表 6-2　Hello 数据报文部分字段说明

字　段	长度/bit	含　义
接口 ID	32	唯一标识了发送 Hello 数据报文的接口
路由器优先级	8	DR 优先级,默认为 1。如果设置为 0,则路由器不能参与 DR 或 BDR 的选举
可选项	24	规定了 Hello 数据报文的一些特殊功能
发送间隔	16	发送 Hello 数据报文的时间间隔
失效时间	16	如果在此时间内未收到邻居发来的 Hello 数据报文,则认为邻居失效
指定路由器接口 ID	32	DR 的接口地址
备份指定路由器接口 ID	32	BDR 的接口地址
邻居 ID	32	邻居路由器,以 Router ID 为标识

（2）数据库描述（Database Description，DD）报文

路由器使用数据库描述报文来描述自己的 LSDB。数据库描述报文内容包括 LSDB 中每一条 LSA 的首部（LSA 的首部可以唯一标识一条 LSA）。LSA 首部只占一条 LSA 的整个数据量的一小部分，这样可以减少邻接路由器之间交互的报文流量，对端路由器根据 LSA 首部就可以判断出自己是否有这条 LSA。在两台路由器交换数据库描述报文的过程中，一台为 Master，另一台为 Slave。由 Master 规定起始序列号，每发送一个数据库描述报文，序列号加1，Slave 作为自身最新的数据库描述报文序列号。DD 报文的格式如图 6-15 所示。

0	7	15	23	31
版本号=3	类型=2	报文长度		
路由器ID				
区域ID				
校验和		接口ID		0
0		可选项		
接口最大传输单元		0	00000 I M	M/S
Rtr Pri		可选项		
数据库描述报文序列号				
首部信息				
…				

图 6-15 DD 报文的格式

DD 报文部分字段说明如表 6-3 所示。

表 6-3 DD 报文部分字段说明

字 段	长 度	含 义
可选项	24 bit	规定了 DD 报文的一些特殊功能
接口最大传输单元	16 bit	在不分片的情况下，此接口可发出的最大 IP 报文长度
I	1 bit	初始化位。当发送连续多个 DD 报文时，如果这是第一个 DD 报文，则置为 1，否则置为 0
M（More）	1 bit	当发送连续多个 DD 报文时，如果这是最后一个 DD 报文，则置为 0，否则置为 1，表示后面还有其他的 DD 报文
M/S（Master/Slave）	1 bit	当两台 OSPF 路由器交换 DD 报文时，首先需要确定双方的主从关系，路由器 ID 大的一方会成为 Master，当值为 1 时，表示发送方为 Master
数据库描述报文序列号	32 bit	主从双方利用序列号来保证 DD 报文传输的可靠性和完整性
首部信息	可变	DD 报文中所包含的 LSA 的首部信息

（3）链路状态请求（Link State Request，LSR）数据报文

两台路由器互相交换过 DD 报文之后，知道了对端的路由器有哪些 LSA 是本地的 LSDB

所缺少的，以及哪些 LSA 是已经失效的，这时需要发送 LSR 数据报文向对方请求所需的 LSA。LSR 数据报文内容包括所需要的 LSA 的摘要。LSR 数据报文的格式如图 6-16 所示，其中 LS 类型、链路状态 ID 和广告路由器可以唯一标识一个 LSA，当两个 LSA 一样时，需要根据 LSA 中的 LS 序列号、LS 校验和和 LS 寿命来判断 LSA 是不是最新的。

0
7
15
23
31
版本号=3
类型=3
报文长度
路由器ID
区域ID
校验和
实例ID
0
0
LS类型
链路状态ID
广告路由器
…

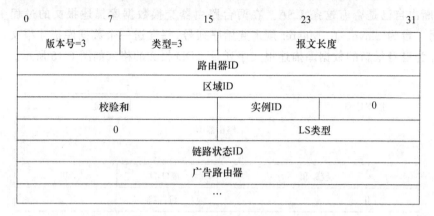

图 6-16 LSR 数据报文的格式

LSR 数据报文部分字段说明见表 6-4。其他字段信息见表 6-1。

表 6-4 LSR 数据报文部分字段说明

字 段	长度/bit	含 义
LS 类型	16	LSA 的类型号
链路状态 ID	32	根据 LSA 中的 LS 类型和 LSA 描述字段在路由域中描述一个 LSA
广告路由器	32	产生此 LSA 的路由器的路由器 ID

(4) 链路状态更新(Link State Update，LSU)数据报文

LSU 数据报文可向对端路由器发送其所需要的 LSA 或者泛洪自己更新的 LSA，内容是多条 LSA(全部内容)的集合。LSU 数据报文在支持组播和广播的链路上是以组播形式将 LSA 泛洪出去的。为了实现泛洪的可靠性传输，需要 LSAck 报文对其进行确认。没有收到确认报文的 LSA，需要进行重传，重传的 LSA 是直接发送到邻居的。LSU 数据报文的格式如图 6-17 所示。

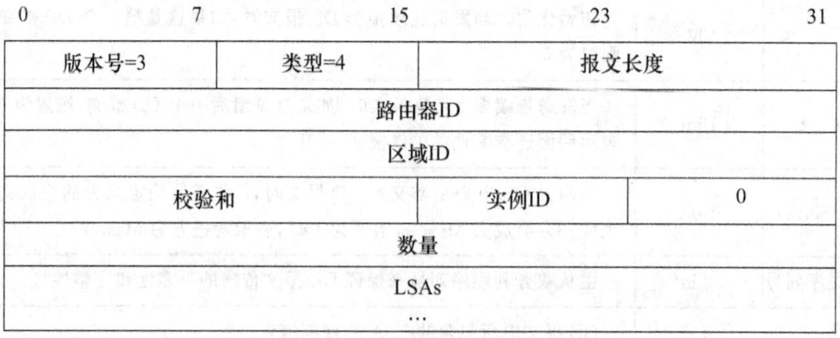

0
7
15
23
31
版本号=3
类型=4
报文长度
路由器ID
区域ID
校验和
实例ID
0
数量
LSAs
…

图 6-17 LSU 数据报文的格式

LSU 数据报文各字段说明见表 6-1。LSA 的格式将在后续进行详细介绍。

（5）链路状态确认（Link State Acknowledge，LSAck）数据报文

LSAck 数据报文可对收到的 LSU 数据报文进行确认，其内容是需要确认的 LSA 的首部（一个 LSAck 数据报文可对多个 LSA 进行确认）。LSAck 数据报文的格式如图 6-18 所示。

0	7	15	23	31
版本号=3	类型=5		报文长度	
路由器ID				
区域ID				
校验和		实例ID		0
LSA首部 ...				

图 6-18　LSAck 数据报文的格式

LSAck 数据报文各字段说明见表 6-1。

6.4.6　LSA 格式与类型

在 LSU 的 OSPFv3 报文中有不同类型的 LSA。OSPFv3 常用的 LSA 共有 7 种，分别为路由器 LSA（Router-LSA）、网络 LSA（Network-LSA）、跨区域前缀 LSA（Inter-Area-Prefix-LSA）、跨区域路由器 LSA（Inter-Area-Router-LSA）、AS 外部 LSA（AS-External-LSA）、链路 LSA（Link-LSA）和区域内前缀 LSA（Intra-Area-Prefix-LSA）。

下面介绍 LSA 首部格式，如图 6-19 所示。7 种 LSA 报文都包含 LSA 首部。

0	15 16	31
LS寿命		LS类型
链路状态ID		
广告路由器		
LS序列号		
LS校验和		长度

图 6-19　LSA 首部格式

LSA 首部各个字段说明如表 6-5 所示。

表 6-5　LSA 首部各个字段说明

字　　段	长度/bit	含　　义
LS 寿命	16	这一字段表示以秒为单位的 LSA 生存的时间，可使得路由器标识需要从路由选择域中删除的到期 LSA。当时间超过 1 800 s 的时候，路由器会发出 LSR 报文重新请求
LS 类型	16	LS 类型用于标识 LSA 的功能。该字段的前 3 位标识 LSA 的通用属性，剩下的 13 个比特位标识 LSA 的特性功能，字段名称为"LSA Function Code"
链路状态 ID	32	该字段和 LS 类型、广告路由器结合可以唯一地标识 LSDB 中的 LSA
广告路由器	32	该字段指定产生此 LSA 的路由器 ID

字　段	长度/bit	含　义
LS 序列号	32	该字段用于检测过时的和重复的 LSA 实例
LS 校验和	16	该字段保存整个 LSA 的校验和,它包括除了 LS 寿命字段之外的整个 LSA
长度	16	该字段指定包括 LSA 首部在内的整个 LSA 分组的长度,以字节为单位

下面分别介绍 7 种不同类型的 LSA。

(1) 路由器 LSA

路由器 LSA 描述了路由器直连链路的链路状态信息。当路由器有多个接口分别属于不同的区域时,每个路由器接口都会产生一个路由器 LSA,该 LSA 只在该路由器接口所在的区域内泛洪。

图 6-20 为路由器 LSA 的格式。

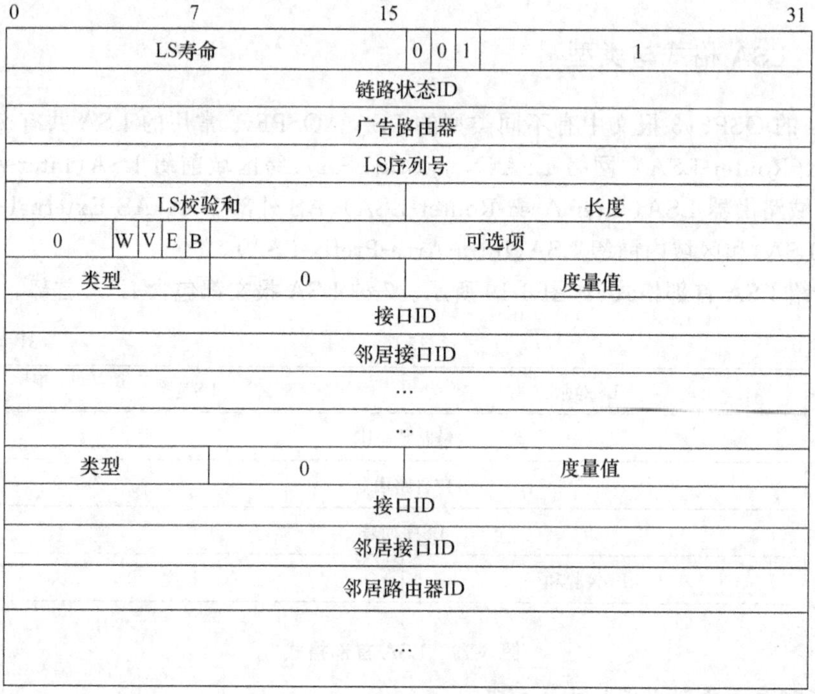

图 6-20　路由器 LSA 的格式

路由器 LSA 分组部分字段说明如表 6-6 所示。

表 6-6　路由器 LSA 分组部分字段说明

字　段	长度/bit	含　义
W	1	W 比特用于标识是否接收全部的组播报文。如果置为 1,则标识该路由器是一个组播通吃者(Wild-Card Receiver),产生该路由器 LSA 报文的路由器将接收所有的组播数据
V	1	V 比特将广告路由器标识为转接区域中一条以上虚拟链路的端点。如果产生此 LSA 的路由器是虚连接的端点,则置为 1

续 表

字 段	长度/bit	含 义
E	1	E 比特将广告路由器标识为 ASBR。如果产生此 LSA 的路由器是 ASBR,则置为 1
B	1	B 比特将广告路由器标识为 ABR。如果产生此 LSA 的路由器是 ABR,则置为 1
可选项	24	可选项字段支持路由器具备不同能力。具有不同能力的路由器可以在一个 OSPF 路由域中混合工作,其格式为 0　　　　　17　　18　　19　　20　　21　　22　　23 | 　　　　　 | DC | R | N | MC | E | V6 |
类型	8	链路类型:点到点连接另一台路由器;连接到穿越网;保留;虚连接
度量值	16	流量所流出接口的开销值
接口 ID	32	接口 ID 由广告路由器分配,它唯一地标识该路由器中的一个接口
邻居接口 ID	32	这一字段指定与广告路由器共享同一条链路的邻居路由器的接口 ID
邻居路由器 ID	32	这一字段含有邻居路由器的路由器 ID

(2) 网络 LSA

网络 LSA 由组播网或非组播多路访问(Non-Broadcast Multiple Access,NBMA)网络中的 DR 产生,它记录了所有与 DR 邻接的路由器 ID,只在所属的区域内传播。图 6-21 为网络 LSA 的格式。

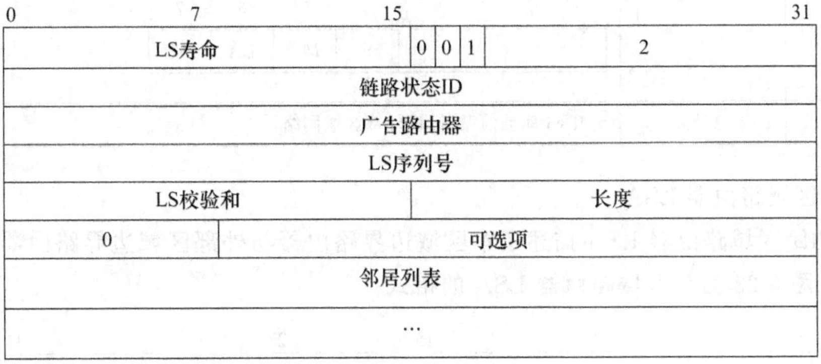

图 6-21　网络 LSA 的格式

网络 LSA 部分字段说明如下。

可选项:这一字段标识所描述路由器的能力。

邻居列表:这一字段包含与 DR 邻接的路由器的路由器 ID。

(3) 跨区域前缀 LSA

跨区域前缀 LSA 描述边界路由器与其他区域网络之间的链路状态信息。图 6-22 为跨区域前缀 LSA 的格式。

0		7		15			23		31
		LS寿命			0	0	1	3	
链路状态ID									
广告路由器									
LS序列号									
LS校验和					长度				
0					度量值				
前缀长度			前缀选项			(0)			
地址前缀									
...									

图 6-22　跨区域前缀 LSA 的格式

跨区域前缀 LSA 部分字段说明见表 6-7。

表 6-7　跨区域前缀 LSA 部分字段说明

字　段	长　度	含　义
度量值	24 bit	到目的地址的开销值
前缀长度	8 bit	前缀比特数
前缀选项	8 bit	用来表达前缀的一些特性,以便在各种不同的路由计算中做出相应的判断和处理。如希望在特定情况下忽略一个前缀的计算。由 LSA 公告的每个前缀都拥有一个自己的前缀选项字段,其格式如下: 0　　　　　　　3　4　　5　　6　　7 | | P | MC | LA | MU |
地址前缀	变长	IPv6 地址前缀,标识外部区域网络

（4）跨区域路由器 LSA

IPv6 的跨区域路由器 LSA 描述了本区域边界路由器与外部区域边界路由器之间的链路状态信息。图 6-23 为跨区域路由器 LSA 的格式。

0		7		15			23		31
		LS寿命			0	0	1	4	
链路状态ID									
广告路由器									
LS序列号									
LS校验和					长度				
0					可选项				
0					度量值				
目的路由器ID									

图 6-23　跨区域路由器 LSA 的格式

跨区域路由器 LSA 部分字段说明如表 6-8 所示。

表 6-8 跨区域路由器 LSA 部分字段说明

字 段	长度/bit	含 义
可选项	24	可选项字段描述的不是源路由器的能力,而是目的路由器所支持的能力,所以此字段值应该等于目的路由器的路由器 LSA 的可选项字段值
度量值	24	这一字段指定了到达被广告路由器的开销
目的路由器 ID	32	LSA 中描述的目的路由器的 ID,指定了当前 LSA 描述的可达路由器 ID

（5）AS 外部 LSA

AS 外部 LSA 描述本地自治系统路由器与外部自治系统路由器之间的链路状态信息。图 6-24 为 AS 外部 LSA 的格式。

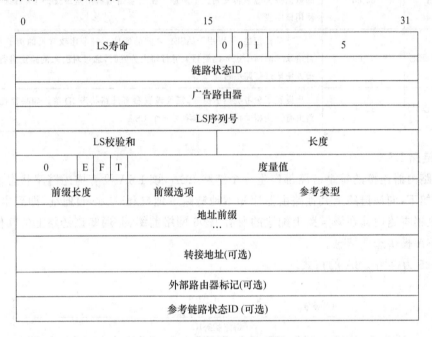

图 6-24 AS 外部 LSA 的格式

AS 外部 LSA 部分字段说明如表 6-9 所示。

表 6-9 AS 外部 LSA 部分字段说明

字 段	长 度	含 义
E	1 bit	外部路由的 Metric 类型。如果设置为 1,表示外部路由为 2 类外部路由,其 Metric 不随着路由的传递而增长。如果设置为 0,表示外部路由为 1 类外部路由,其 Metric 随着路由的传递而增长
F	1 bit	如果设置为 1,则表示后面的转接地址可选字段存在
T	1 bit	如果设置为 1,则表示后面的外部路由器标记可选字段存在
度量值	24 bit	到目的地址的路由开销
前缀长度	8 bit	前缀的比特数

字 段	长 度	含 义
前缀选项	8 bit	用来表达前缀的一些特性,以便在各种不同的路由计算中做出相应的判断和处理。如希望在特定情况下忽略一个前缀的计算。LSA 公告的每个前缀都拥有一个自己的前缀选项字段,其格式如下: 0　　　　　　　3　　4　　5　　6　　7 |　　　　　|　　| P | MC | LA | MU |
参考类型	16 bit	表明这个 LSA 是参考一个路由器 LSA,还是一个网络 LSA。1 表示参考一个路由器 LSA,2 表示参考一个网络 LSA
地址前缀	变长	IPv6 地址前缀
转接地址	32 bit	可选的 128 位 IPv6 地址。当前面的 F 位为 1 时,该字段存在,表示到达目的节点的数据报文应该转发到这个地址。在公告路由器不是最优的下一跳的时候,可以使用该字段
外部路由器标记	32 bit	可选的标记位,可以用于 ASBR 之间的通信。一个比较常见的例子是,在 OSPF 自治系统的两个边界路由器上进行路由分发时,通过对引入的路由进行标记,可以很方便地进行路由过滤
参考链路状态 ID	32 bit	当设置了参考类型的值时,需要设置参考链路状态 ID 值。如果存在,说明外部路由有一些相关信息需要参考另一个 LSA

（6）链路 LSA

本地路由器连接的每个链路都产生一个链路 LSA,该 LSA 没有描述链路状态信息,它的主要作用如下:向该链路上其他路由器通知本地链路本地(Link-Local)地址,即到本地的下一跳地址;收集本路由器在该链路上配置的所有 IPv6 网络前缀,并通知该链路上的其他路由器;向网络 LSA 提供选项信息。

图 6-25 为链路 LSA 的格式。

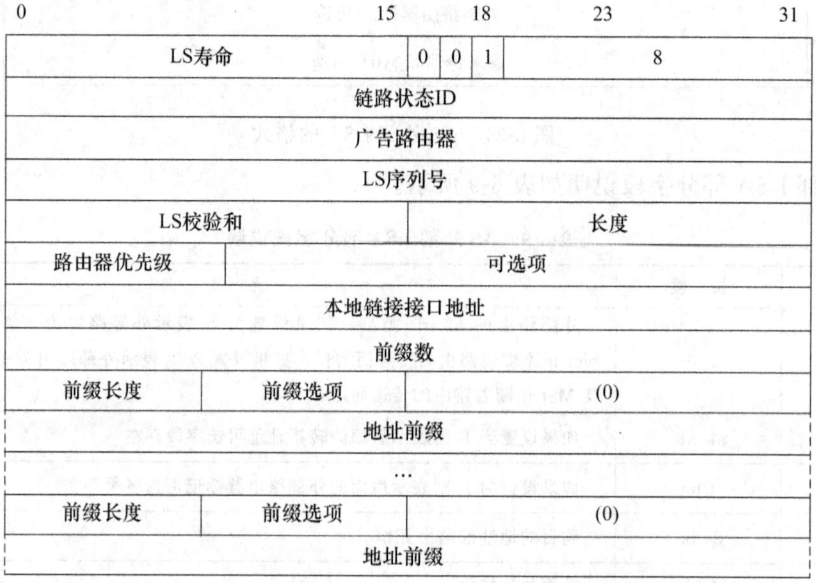

图 6-25　链路 LSA 的格式

链路 LSA 部分字段说明见表 6-10。

表 6-10   链路 LSA 部分字段说明

字 段	长 度	含 义
路由器优先级	8 bit	该路由器在链路上的优先级(Router Priority)
可选项	24 bit	提供给网络 LSA 的可选项
本地链接接口地址	128 bit	路由器与该链路相连的接口上配置的本地链接地址(本地链接地址只出现在链接 LSA 中)
前缀数	32 bit	该 LSA 中携带的 IPv6 地址前缀的数量
前缀长度	8 bit	前缀的比特数
前缀选项	8 bit	用来表达前缀的一些特性,以便在各种不同的路由计算中做出相应的判断和处理。如希望在特定情况下忽略一个前缀的计算。由 LSA 公告的每个前缀都拥有一个自己的前缀选项字段
地址前缀	变长	IPv6 地址前缀

(7) 区域内前缀 LSA

区域内前缀 LSA 描述广告路由器与区域内网络之间的链路状态信息。

图 6-26 为区域内前缀 LSA 的格式。

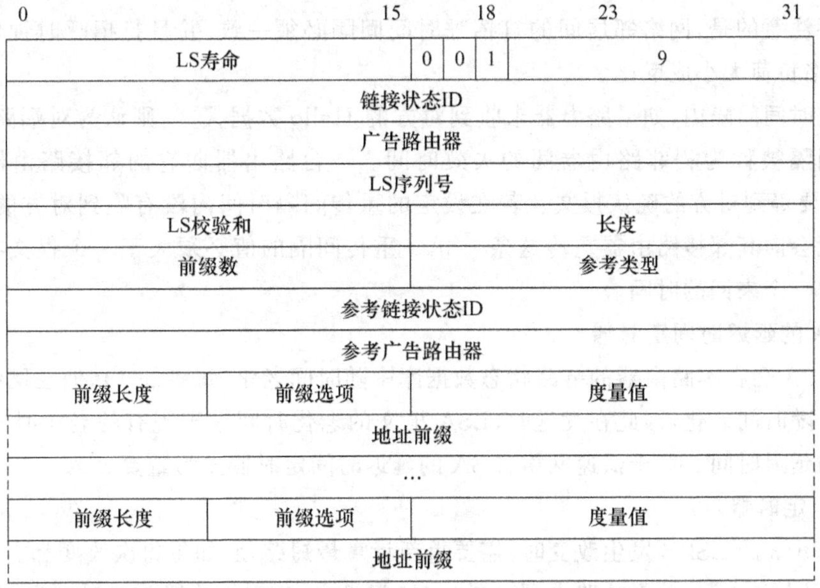

图 6-26   区域内前缀 LSA 的格式

区域内前缀 LSA 部分字段说明见表 6-11。

表 6-11 区域内前缀 LSA 部分字段说明

字　段	长　度	含　义
前缀数	16 bit	该 LSA 中包含的 IPv6 前缀的数量
参考类型	16 bit	表明这个 LSA 是参考一个路由器 LSA,还是一个网络 LSA。1 表示参考一个路由器 LSA,2 表示参考一个网络 LSA
参考链接状态 ID	32 bit	当这个 LSA 参考一个路由器 LSA 时,设置为 0;当这个 LSA 参考一个网络 LSA 时,设置为该链路的指定路由器的接口 ID
参考广告路由器	32 bit	当这个 LSA 参考一个路由器 LSA 时,设置为这个路由器的路由器 ID;当这个 LSA 参考一个网络 LSA 时,设置为该链路的 DR 的路由器 ID
前缀长度	8 bit	前缀的比特数
前缀选项	8 bit	用来表述前缀的一些特性,以便在各种不同的路由计算中做出相应的判断和处理
度量值	16 bit	这一字段指定了被广告前缀的开销值
地址前缀	变长	IPv6 地址前缀

6.4.7 OSPFv3 的定时器

OSPFv3 的定时器包括 3 种,分别为报文定时器、LSA 的延迟时间定时器和 SPF 定时器。

1. 报文定时器

Hello 数据报文被周期性地发送至邻居路由器,用于发现与维持邻居关系、选举 DR 与 BDR。需要注意的是,网络邻居间的打招呼时间间隔必须一致,并且打招呼时钟值与路由收敛速度、网络负荷大小成反比。

在一定时间间隔内,如果路由器未收到对方的 Hello 数据报文,则认为对端路由器失效,这个时间间隔被称为相邻路由器间的失效时间。一台路由器向它的邻接路由器发送一条 LSA 后,需要等到对方的确认报文。若在设定的重传间隔时间内没有收到对方的确认报文,该路由器就会向其邻接路由器重传这条 LSA。重传间隔的值必须大于一个报文在两台路由器之间传送一个来回的时间。

2. LSA 的延迟时间定时器

由于 LSA 会在本路由器的链路状态数据库中随时间老化(每秒加 1),但在网络的传输过程中却不会随时间老化,因此在发送时,LSA 报文的老化时间等于现有的老化时间加上 LSA 报文发送的延迟时间。对于低速网络,LSA 的延迟时间定时器尤为重要。

3. SPF 定时器

当 OSPFv3 的 LSDB 发生改变时,需要重新计算最短路径,如果每次改变都立即计算最短路径,将占用大量资源,并影响路由器的效率,通过调节 SPF 的计算延迟时间和间隔时间,可以避免在网络频繁变化时占用过多的资源。

在 RIPng 中,每台路由器都基于其他路由器的计算结果来计算自己的路由表。与 RIPng 截然不同的是,每台 OSPF 路由器根据自己的 LSDB 独立地计算自己的可达节点和网络的路由表。LSDB 的所有条目可以表示为一个带权有向图。路由计算采用 Dijkstra 算法建立到达每个目的网络的最短路径树,其中最短路径树代表到达所有可达目的地的最有效的路由选择路径。

6.5　路径向量路由选择协议

6.5.1　边界网关协议 BGP4＋

1989 年,IETF 公布了新的外部网关协议——边界网关协议 BGP-4。BGP-4 是一种主要部署在不同自治系统之间的外部路由选择协议。由于原始 BGP-4 规定该路由选择协议运行于 IPv4 网络,因此包含该协议的路由选择报文仅可以携带 IPv4 路由。支持 IPv6 协议的 BGP-4 扩展协议通常称为 BGP4＋。

为什么在不同自治系统之间的路由选择不能使用前面讨论过的内部网关协议(如 RIP 或 OSPF)呢? 主要是因为以下两点。

第一,互联网的规模太大,使得 AS 之间的路由选择非常困难。连接在互联网主干网络上的路由器,必须确保任何有效的 IP 地址都能在路由表中找到匹配的目的网络。目前在互联网主干网络的路由器中,一个路由表的项目数早已超过了 5 万个网络前缀。如果使用链路状态协议,则每一个路由器必须维持一个很大的链路状态数据库。面对这样大的主干网,如果采用 Dijkstra 算法计算最短路径,则需要花费很长时间。另外,由于 AS 各自运行自己选定的内部路由选择协议,并使用本 AS 指定的路径度量,因此,当一条路径通过几个不同的 AS 时,计算路径长度不是很合理(因为计量单位是不同的)。例如,对于某 AS 来说,代价为 1 000 可能表示一条比较长的路由。但对于另一个 AS 来说,代价为 1 000 却可能表示不可接受的坏路由。因此,对于 AS 之间的路由选择,把"代价"作为度量来寻找最佳路由也是很不现实的。比较合理的做法是在 AS 之间交换"可达性"信息(即"可到达"或"不可到达")。例如,告诉相邻路由器:"到达目的网络 N 可经过自治系统 ASx"。

第二,AS 之间的路由选择必须考虑有关策略。由于相互连接的网络的性能相差很大,所以根据最短距离(即最少跳数)找出来的路径可能并不合适。因此,AS 之间的路由选择协议应当允许使用多种路由选择策略。使用这些策略时,应考虑政治或经济方面的因素。例如,我国国内的站点在互相传送数据报时不应经过国外,尤其不要经过那些对我国国家安全有威胁的国家。这些策略都是由网络管理人员对每一个路由器进行设置的,并不是由 AS 之间的路由选择协议本身来决定的。显然,使用这些策略是为了找出较好的路径而不是最佳路径。

由于上述情况,边界网关协议 BGP4＋只能寻找一条能够到达目的网络且比较好的路由(不能兜圈子),而并非寻找一条最佳路由。

在 BGP4＋环境中,各个 AS 拥有一个自治系统编号(Autonomous System Number, ASN)。ASN 可以是公开的或私有的。公开 ASN 是一种全球唯一标识,并由 RIR 或 NIR 组织分配。IANA 已经将 AS64512 至 AS65535 保留为私有 ASN。

当 BGP4＋路由器收到路由更新时,路由器会将自己的 ASN 加入路由的路径信息中,然后再分发给其他 AS。由于 BGP4＋是外部路由选择协议,因而它在 AS 之间交换路由选择信息,各个 AS 采用不同的路由选择策略来管理信息可能会造成这些信息外部可见。因此,路由报文中的路由选择信息是由 ASN 列表组成的,而不是由特定路由器列表组成的,其目的就是隐藏路径上各个 AS 的内部拓扑结构。参见如图 6-27 所示的例子。

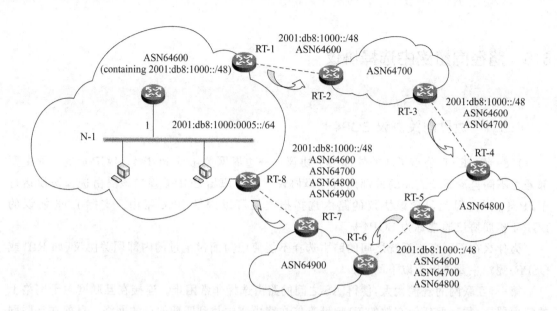

图 6-27　BGP4＋路由选择环路检测

该例中,各路由器在向其他路由器分发路由之前,将自己的 ASN 记录到路由报文中。但各路由器必须先通过检查路径信息验证收到的路由报文,并核实自己的 ASN 不在路径中。路由器 RT-2~RT-7 都根据该规则接收了路由报文。RT-8 发现自己的 ASN 出现在 RT-7 发来的路由报文中,从而检测到路由环路。在此情况下,RT-8 拒收这条来自 RT-7 的路由报文,最终打破环路。

6.5.2　BGP4＋报文

BGP4＋报文首部格式如图 6-28 所示。

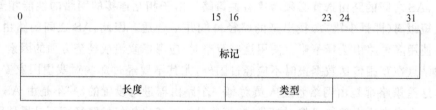

图 6-28　BGP4＋报文首部格式

BGP4＋报文首部各字段解析如下。

(1) 标记。该字段长度为 4 字节,其值全部设置为 1。

(2) 长度。该字段长度为 2 字节,指定 BGP4＋报文的长度,单位为字节。因为报文首部长度为 19 字节,所以长度字段最小值为 19,最大值为 4 096 字节。

(3) 类型。该字段长度为 1 字节,字段值为 1 到 4,分别对应 BGP4＋的 4 类报文。

包含 BGP4＋报文的数据报封装格式如图 6-29 所示。

根据功能划分,BGP4＋有以下 4 类报文:打开(OPEN)报文、保活(KEEPALIVE)报文、通知(NOTIFICATION)报文、更新(UPDATE)报文。

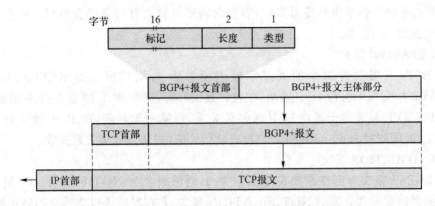

图 6-29 包含 BGP4＋报文的数据报封装格式

1. OPEN 报文

如果 BGP4＋报文首部中的类型值为 1,则该报文为 OPEN 报文。

一旦两个 BGP 发言者之间的 TCP 连接建立之后,OPEN 报文就是它们之间交换的第一条报文。OPEN 报文以请求的方式要求建立对等关系。OPEN 报文也允许 BGP 发言者标识各自的能力。如果发现不兼容,BGP 发言者之间就无法建立对等关系。

OPEN 报文如图 6-30 所示。

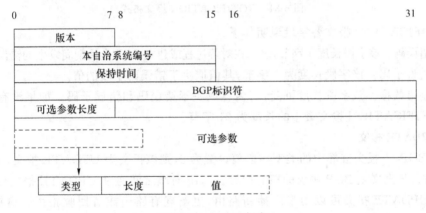

图 6-30 OPEN 报文

OPEN 报文各字段解析如下。

(1) 版本。该字段长度为 1 字节,指定 BGP 协议版本号。

(2) 本自治系统编号。该字段长度为 2 字节,其值设置为 OPEN 报文发送者的 AS。

(3) 保持时间。该字段长度为 2 字节,用于 BGP 通信双方保持连接关系时,发送KEEPALIVE 或 UPDATE 等报文的时间间隔,该值由发送者提出。接收者将自己的保持时间设置为自身设置值和收到的 OPEN 报文的建议保持时间的最小值。如果保持时间为 0,则表示发送者不需要发送 KEEPALIVE 报文;如果该值不为 0,则保持时间至少为 3 s。这种情况下,如果在保持时间到期时,接收者仍未收到 KEEPALIVE、UPDATE 或 NOTIFICATION报文,就会关闭 TCP 连接。系统的默认时间为 180 s。

(4) BGP 标识符。该字段长度为 4 字节,字段值设置为发送者合法的 IPv4 单播地址。

(5) 可选参数长度。该字段长度为 1 字节,其值为指定报文中出现的可选参数的长度。如果该字段值为 0,则没有可选参数,否则需要与接收者协商可选参数。

（6）可选参数。该字段长度可变，内容包含需要与接收者协商的参数组。每个可选参数的格式为＜类型，长度，值＞。

2. KEEPALIVE 报文

如果 BGP4＋报文首部中的类型字段值设置为 4，则该报文为 KEEPALIVE 报文。KEEPALIVE 报文用于保持 BGP 连接，仅包含报文首部，只有 BGP 的 19 字节长的通用首部。

KEEPALIVE 报文用于维持 BGP 的邻居关系，每隔一段时间，BGP4＋通信双方都会发送这个报文，时间间隔为 60 s，180 s 之内没有收到回应，则认为邻居关系失效。

3. NOTIFICATION 报文

如果 BGP4＋报文首部中的类型字段值为 3，则该报文为 NOTIFICATION 报文。BGP 发言者检测到错误时就会发送 NOTIFICATION 报文，并在发送该报文后立即终止连接。

NOTIFICATION 报文有 3 个字段，即错误码、错误子码和差错数据（给出有关差错的诊断信息）。其格式如图 6-31 所示。

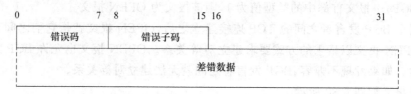

图 6-31　NOTIFICATION 报文格式

NOTIFICATION 报文各字段说明如下。

（1）错误码。该字段长度 1 字节，表示在对等过程或建立 BGP 会话期间发生的错误类型。

（2）错误子码。该字段长度为 1 字节，其值取决于错误码字段的值。

（3）差错数据。该字段长度可变，其内容取决于错误码和错误子码。如果没有差错数据字段，NOTIFICATION 报文最小的长度为 21 字节。

4. UPDATE 报文

如果 BGP4＋报文首部中的类型字段值设置为 2，则该报文为 UPDATE 报文。

UPDATE 报文是 BGP 协议的核心内容。BGP 对端之间通过 UPDATE 报文交换路由选择信息。UPDATE 报文可以用来广播新路由、更新现有路由或者回收路由。撤销路由时，UPDATE 报文可以一次撤销许多条，但增加新路由时，每个 UPDATE 报文只能增加一条。

UPDATE 报文格式如图 6-32 所示。

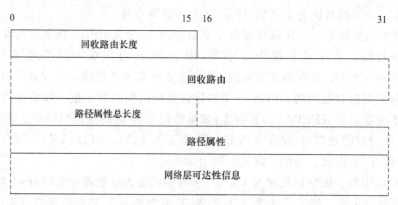

图 6-32　UPDATE 报文格式

UPDATE 报文各字段解析如下。

(1) 回收路由长度。该字段长度为 2 字节,指定回收的路由字段的字节数,是 IPv4 专用字段,在 IPv6 协议中不再使用。

(2) 回收路由。该字段长度可变,包含因可达性发生变化而需要从服务中回收的路由列表,是 IPv4 专用字段。在 IPv6 中,路由表条目使用<长度,前缀>的格式来表示,路由表多个条目构成可回收的路由列表。条目中长度和前缀的说明如下。

① 长度。该字段长度为 1 字节,指定紧跟此字段的前缀的比特数。0 是一个特殊值,表示该前缀能匹配所有的 IP 地址,换言之,前缀的每个字节都是 0 值。

② 前缀。该字段长度可变,包含要回收的前缀。该字段可能需要进行填充,以对齐字节边界。

(3) 路径属性总长度。该字段长度为 2 字节,指定路径属性字段的字节数。如果该字段值为 0,则省去路径属性字段和网络层可达性信息字段。

(4) 路径属性。该字段长度可变,格式为<类型,长度,值>,描述了到达目的地的路径特性。

(5) 网络层可达性信息(Network Layer Reachability Information,NLRI)。该字段长度可变,包含一组可达的目的地列表,这些目的地将加入本地路由表中。NLRI 字段是 IPv4 特有的字段,诸如 IPv6 等其他协议并未使用该字段。

6.5.3 BGP4+操作

BGP4+运行于 TCP 之上。一台 BGP4+路由器与另一台 BGP4+路由器通过创建端口为 179 的 TCP 连接建立对等关系。这两台路由器称为 BGP 对端,也称为 BGP 发言者(BGP Speaker)。虽然 BGP4+的典型部署是用于 AS 间的路由选择,但那些拥有数以百计分支机构的大型组织和企业也在其 AS 内部部署了 BGP4+。当一台 BGP4+路由器与在同一个 AS 内部的另一台 BGP4+路由器对等时,这两台路由器称为内部 BGP(Internal BGP,IBGP)对端。当一台 BGP4+路由器与在另一个 AS 中的 BGP4+路由器对等时,这两台路由器称为外部BGP(External BGP,EBGP)对端。BGP4+中的 IBGP 对端和 EBGP 对端如图 6-33 所示。

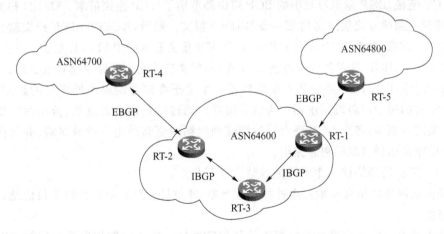

图 6-33 BGP4+中的 IBGP 对端和 EBGP 对端

如图 6-33 所示,路由器 RT-1、RT-2 和 RT-3 是 IBGP 对端,因为它们属于同一个 AS

（64600）。RT-1 和 RT-5 是 EBGP 对端。类似地，RT-2 和 RT-4 也是 EBGP 对端。图中，路由器 RT-3 为路由反射器（Route Reflector），将从一个 IBGP 对端获知的路由选择信息再分发给另一个 IBGP 对端。

BGP4＋对等过程是指对等路由器同步路由选择数据库的操作过程，这一过程可用有限状态机（Finite State Machine，FSM）来描述。FSM 有一组事件和定时器，用来触发状态转换。下面我们根据图 6-34 中的一种可能的情形来描述 BGP4＋对等过程。

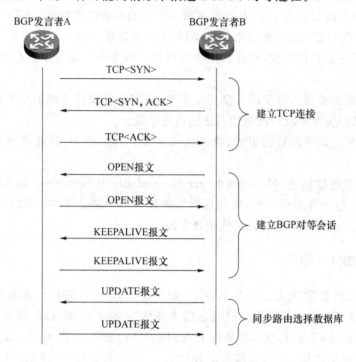

图 6-34　BGP4＋对等过程

首先，对等过程要建立一条 TCP 连接。由一台 BGP4＋路由器初始化它与另一台 BGP4＋路由器之间的连接，有可能发生两台路由器同时试图初始化与对方的连接的情况。为了避免创建两条 TCP 连接，BGP 标识符较小的 BGP 路由器取消了 TCP 连接请求。OPEN 报文是基本的 TCP 连接成功建立之后发送的第一条 BGP4＋报文。然后，KEEPALIVE 报文就会来确认 OPEN 报文。注意，两个 BGP 发言者均发送 OPEN 报文和 KEEPALIVE 报文。一旦 BGP 对等会话建立完毕，BGP 发言者就会通过 UPDATE 报文交换它们的路由选择数据库。

对每个对端而言，BGP 路由器不仅维护着一个用于存储对端路由器广告的数据库，还维护着一个独立的用于向对端路由器广告的数据库。通过维护两个独立的、分别用于路由输入和输出交换的数据库，各个 BGP 路由器就能够判定哪些更新路由会影响对端，并仅向对端发送能够降低路由选择负载的更新路由。

BGP4＋路由选择协议的主要特征总结为以下几点。

- 路由选择算法结合本地路由选择管理策略，通过检验路径信息为每个目的地选取最佳路由。
- 路由被重新广告给没有直接相连的其他路由器。由于没有邻居路由器的动态发现机制，因而路由只在已配置好的对端之间进行交换。
- 每条路由选择信息由目的地、网关以及到达目的地的完整路径等内容组成。

- 路由选择信息的分发是可靠的,因为路由交换在 TCP 层上进行。
- 能够标识每条路由的起源。
- 能够轻易检测和避免路由选择环路。
- 路由计算是分布式的,原因在于路由器进行选择判断时在很大程度上取决于其他路由器进行路由选择时所做出的判断。

6.5.4 BGP4+的 IPv6 扩展

支持 IPv6 的 BGP4+发言者为表明它对 BGP4+的多协议扩展的支持,必须在 OPEN 报文中设置必要的能力。BGP4+的 IPv6 能力参数格式如图 6-35 所示。

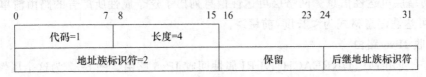

图 6-35 BGP4+的 IPv6 能力参数格式

代码字段值设置为 1,表示多协议扩展能力。地址族标识符(Address Family Identifier,AFI)字段设置为 2,这是 IANA 为 IPv6 分配的地址族编号。后继地址族标识符(Subsequent Address Family Identifier,SAFI)给出了与多协议 NLRI 属性中携带的 NLRI 相关的附加信息。

1. 广告 IPv6 路由

BGP4+使用 MP_REACH_NLRI 属性广告 IPv6 路由。图 6-36 为这个属性的格式。

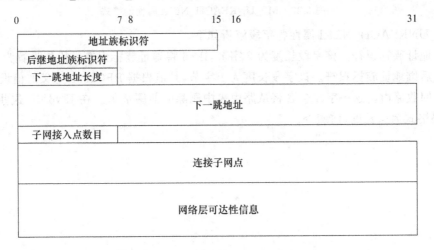

图 6-36 MP_REACH_NLRI 属性的格式

MP_REACH_NLRI 属性各字段解析如下。

(1) 地址族标识符。该字段长度为 2 字节,其值设置为 2。

(2) 后继地址族标识符。该字段长度为 1 字节,其值应该根据 RFC2858 定义的值进行设置。

(3) 下一跳地址长度。该字段长度为 1 字节,指定下一跳地址的大小。典型情况下,下一跳地址仅携带下一跳路由器的 IPv6 全球地址。这种情况下,下一跳地址长度字段值设置为

16。如果广告 BGP 发言者与下一跳路由器及被广告该路由的对端路由器共享公共链路,那么链路本地地址可能也被包含进来作为附加下一跳地址。这种情况下,下一跳地址长度字段值设置为 32。

(4) 下一跳地址。该字段包含下一跳路由器的全球性 IPv6 地址。根据下一跳地址长度字段值的不同,除了这个全球性的 IPv6 地址之外,该字段还可能包括路由器的链路本地地址。

(5) 子网接入点数目。该字段长度为 1 字节,指定这个属性中给出的子网接入点 (Subnetwork Point of Attachment,SNPA) 的数目。在 IPv6 中该字段值被设置为 0,表示省略了 SNPA 字段。

(6) 连接子网点。BGP4+路由器连接的所有子网信息。

(7) 网络层可达性信息。网络层可达性信息列出了这个属性所广告的路由清单。IPv6 中的网络层可达性信息格式为<长度,前缀>。

2. 回收 IPv6 路由

BGP4+使用 MP_UNREACH_NLRI 属性回收 IPv6 路由。图 6-37 为这个属性的格式。

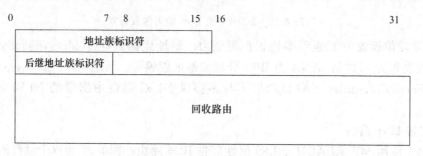

图 6-37 MP_UNREACH_NLRI 属性的格式

MP_UNREACH_NLRI 属性各字段解析如下。

(1) 地址族标识符。该字段长度为 2 字节,IPv6 将地址族标识符字段值设置为 2。

(2) 后继地址族标识符。该字段长度为 1 字节,其值根据 RFC2858 定义的值设置。

(3) 回收路由。这一字段包含将从路由表中删除的前缀清单。在 IPv6 中,这些被回收的路由编码格式为<长度,前缀>。

第 **7** 章 IPv6组播技术

7.1 引 言

IP 组播技术是下一代互联网的关键技术之一。事实上,IPv6 中的邻居发现协议已经使用了组播技术。与此同时,日益增加的网络带宽使得像视频流这样的应用更加实际,从而使 IP 组播技术更为重要。

尽管 IP 组播技术的基本概念对于 IPv4 和 IPv6 来说是相同的,但是 IPv6 组播技术还是在 IPv4 所获得经验的基础上,引入了若干新特性。例如,IPv6 通过使用固定的地址字段,明确限制组播地址的范围,而在 IPv4 中,则是借助于组播分组的生存时间来限制组播地址范围。另外,更大的 IPv6 地址空间减轻了多播组管理的负担。IPv6 多播地址格式允许用户自己分配和管理一个更大范围的组,而不必担心发生地址冲突。所有这些特征表明,在 IPv6 中,IP 组播技术正变得越来越有效。

7.2 IPv6 组播地址到第 2 层组播地址的映射

IPv6 采用了与 IPv4 类似的方法将组播地址映射到第 2 层组播地址。具体的映射算法取决于局域网类型。在以太网环境中,将 IPv6 的组播地址映射到以太网组播地址的方法是,将 0x3333 放置在 IPv6 组播地址的最后 4 字节之前,构成一个长度为 48 bit 的以太网组播地址。如图 7-1 所示,IANA 给 DHCPv6 服务器分配的组播地址为 ff05::1:3,映射到以太网的 MAC 地址为 33-33-00-01-00-03。这样,DHCPv6 客户端在寻找 DHCPv6 服务器时,数据报网络层的目的地址为 ff05::1:3,链路层的目的 MAC 地址为 33-33-00-01-00-03。

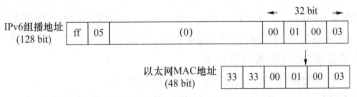

图 7-1 IPv6 组播地址到以太网 MAC 地址的映射

7.3 组播侦听发现协议

组播侦听发现(Multicast Listener Discovery,MLD)协议是 IPv6 的组播组管理协议,用于组播主机和路由器间交换组信息。MLD 协议的设计以 IPv4 的 IGMP 协议为基础。但是,与 IGMP 协议不同的是,MLD 协议被定义为 ICMPv6 协议的组成部分,而 IGMP 协议则被定义为一种独立的网络层协议。

MLD 报文在发送时,一般带有 IPv6 链路本地源 IP 地址,跳数总是被限制为 1,以阻止路由器转发 MLD 报文。

当前,MLD 存在两种版本,分别为第 1 版和第 2 版 MLD。其中,第 1 版 MLD(MLDvl)基于 IGMP 第 2 版 (IGMPv2),而第 2 版 MLD(MLDv2)则基于 IGMP 第 3 版(IGMPv3)。

MLDvl 有 3 种报文类型,分别为组播侦听查询报文、组播侦听报告报文和组播侦听已完成报文。这些报文分别对应于 IGMPv2 的成员查询报文、成员报告报文和离开组报文。MLDv2 有 2 种报文类型,分别为查询报文和成员报告报文。MLDv2 没有定义专门的成员离开报文,成员离开通过特定类型的报告报文来传达。

7.3.1 MLD 报文格式

MLD 报文格式与 ICMPv6 相似,如图 7-2 所示。MLD 的两个版本(MLDvl 和 MLDv2)的报文均采用 MLD 报文的格式。

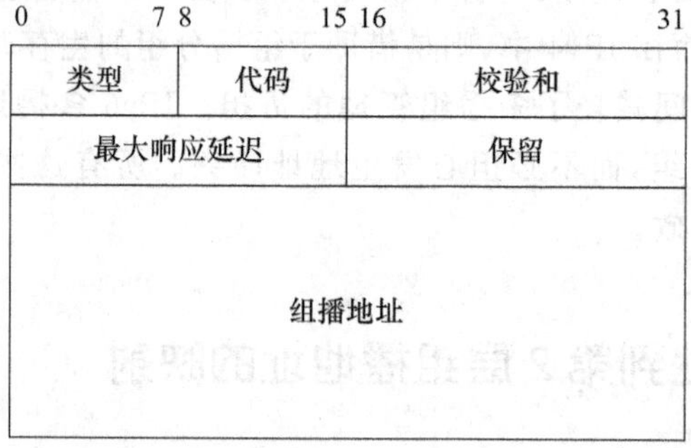

图 7-2 MLD 报文格式

MLD 报文各字段解析如下。

(1)类型。该字段长度为 1 字节,表示 MLD 报文的类型。

(2)代码。发送时设置为 1,接收时忽略。

(3)校验和。标准的 ICMPv6 校验和覆盖所有 MLD 报文以及 IPv6 首部区域中的伪首部。

(4)最大响应延迟(Maximum Response Delay)。该字段值只在查询报文消息中有意义,它指定了在发送响应报文时允许的最大时间延迟,单位为 ms。对于其他报文,在报文发送时最大响应延迟值被设置为 0,接收时被忽略。

(5)保留。该字段暂时不用,长度为 2 字节,用 0 填充。

(6)组播地址(Multicast Address)。在查询报文中,当发送普遍查询时,组播地址值设为未指定地址（::）；当发送特定组查询时,组播地址值设为特定的 IPv6 组播地址。

任何 MLDvl 报文的长度都不允许超过 24 字节。发送方禁止发送长度大于 24 字节的 MLDvl 报文,接收方忽略报文中任何超出这个限制的字节。

下面介绍 MLDv1 的 3 种报文类型。

7.3.2　MLDv1 的 3 种报文类型

1. 组播侦听查询报文

支持组播的 IPv6 路由器会使用组播侦听查询报文在子网中查询组播组成员的身份。该报文相当于 IGMPv2 中的主机成员身份查询（Host Membership Query）报文。组播侦听查询报文有以下两种类型。

一般查询（General Query）报文:用于周期性地在子网所有主机中查询是否存在任何组播地址的组成员。

特定组播地址查询（Multicast Address Specific Query）报文:用于在子网主机中查询特定组播组的成员。

这两种报文类型是通过 IPv6 首部中的目的地址字段和组播侦听查询报文中的组播地址字段来区分的。

在组播侦听查询报文的 IPv6 基本首部中:跳数限制字段值设置为 1;源地址字段值设置为发送查询报文的接口的链路本地地址;目的地址字段值设置为正在查询的特定组播地址。

组播侦听查询报文格式见图 7-2,各字段描述如下。

（1）类型。该字段值为 130。

（2）代码。该字段值为 0。

（3）校验和。该字段值为 ICMPv6 校验和。

（4）最大响应延迟。该字段以毫秒为单位,表示延迟时间的最大值,组播组成员必须在这个时间内,使用组播侦听报告报文来报告自己的成员身份。该字段的长度为 16 bit。

（5）保留。该字段是为了将来使用所保留的字段,长度为 16 bit,字段值设置为 0。

（6）组播地址。对于一般查询,组播地址字段值设置为未指定地址（::）。对于特定组播地址查询,组播地址字段值则设置为正在查询的特定组播地址。该字段长度为 128 bit。

2. 组播侦听报告报文

侦听节点既可以主动用组播侦听报告报文来即时声明自己对特定组播地址上收到的组播流量感兴趣,也可以用组播侦听报告报文对组播侦听查询报文进行响应。这类报文等同于 IGMPv2 中的主机成员身份报告（Host Membership Report）报文。

在组播侦听报告报文的 IPv6 基本首部中:跳数限制字段值设置为 1;源地址字段值设置为发送报文的主机接口的链路本地地址;目标地址字段值设置为准备报告的特定组播地址。

组播侦听报告报文的结构见图 7-2,各字段描述如下。

（1）类型。该字段值设置为 131。

（2）代码。该字段值设置为 0。

（3）校验和。该字段值设置为 ICMPv6 校验和。

（4）最大响应延迟。在组播侦听报告报文中并不使用该字段,其值设置为 0。

（5）保留。该字段是为了将来使用所保留的字段,长度为 16 位,其值设置为 0。

（6）组播地址。该字段值设置为需要被报告的特定组播地址。

3. 组播侦听已完成报文

组播侦听已完成报文等同于 IMGPv2 中的离开组报文,它的作用是通知本地路由器:子网上可能已经没有指定组播地址的组成员。在收到组播侦听已完成报文之后,本地路由器会发送组播侦听查询报文来验证子网上是否确实已经没有该组的成员。

当子网上最后一个对发给该组播地址的组播侦听查询报文做出响应的组成员离开这个组播组的时候,这个成员就会发送组播侦听已完成报文。注意,发送组播侦听已完成报文的组成员并不一定是子网上真正的最后一个组成员。这就是本地路由器能够验证组成员身份的原因。有了这种能够报告哪个成员可能是最后一个组成员的简单方法,就可以避免主机去跟踪每一个自己所属的组播组,以检测这些组播组的其他成员是否还在相应的子网中。

因为 IPv6 组播路由器不用检测某个组播组在子网上是否有多个成员,因此它必须认为每个子网都有多个组成员。发送组播侦听已完成报文的主机也许并不是最后的组成员。因此,当收到组播侦听已完成报文时,子网上的组播查询路由器就会立刻向该报文报告的组播地址发送一条特定组播侦听查询报文。如果还有其他组成员存在,则其中的某个成员就会发送组播侦听报告报文。

在组播侦听已完成报文的 IPv6 基本首部中:跳数限制字段值设置为 1;源地址字段值设置为正在发送报告的主机接口的链路本地地址;目标地址字段值设置为链路本地范围的所有路由器组播地址(FF02::2)。

组播侦听已完成报文的结构如图 7-2 所示,各字段描述如下。

(1) 类型。该字段值为 132。

(2) 代码。该字段值为 0。

(3) 校验和。该字段值为 ICMPv6 校验和。

(4) 最大响应延迟。组播侦听已完成报文并不使用该字段,其值设置为 0。

(5) 保留。该字段是为了将来使用所保留的 16 位字段,其值设置为 0。

(6) 组播地址。该字段值设置为发送方已经不再侦听的特定组播地址。

7.4　MLD 数据报文结构

MLD 协议直接使用 ICMPv6 报文而没有定义一个独立的报文结构。图 7-3 为包含 MLD 报文的数据报文(简称为 MLD 数据报文)结构。

IPv6基本首部 下一个首部=0 (逐跳可选项)	逐跳可选项扩展首部 IPv6路由器警告可选项 下一个首部=58(ICMPv6)	MLD报文

图 7-3　包含 MLD 报文的数据报文结构

MLD 数据报文包括 IPv6 基本首部、逐跳可选项扩展首部以及 MLD 报文。逐跳可选项扩展首部为 RFC2711 中描述的 IPv6 路由器警告可选项。它能够确保不属于组成员的路由器处理发送给组播地址的 MLD 数据报文。

节点会给其所在的组播组发送组播侦听报告报文和组播侦听已完成报文。尽管 MLD 报文可能对 IP 层路由器无用,但是 IPv6 路由器警告选项还是会提示接收路由器检查这些报文,因为它们可能对路由器中的高层协议和应用有用。发送方通过在 MLD 数据报文的逐跳选项首部中设置路由器警告选项来提醒接收路由器进行处理。IPv6 路由器警告选项保留 0 值以表明该分组为 MLD 数据报文。

MLD 报文类型与相关的分组目的地址如表 7-1 所示。

表 7-1　MLD 报文类型与相关的分组目的地址

MLD 报文类型	相关的分组目的地址
一般查询报文	ff02::1(链路本地所有节点的组播地址)
特定组播地址查询报文	与组播地址字段指定的地址相同
组播侦听报告报文	与组播地址字段指定的地址相同
组播侦听已完成报文	ff02::2(链路本地所有路由器的组播地址)

7.5　MLD 工作机制

MLD 继承了 IGMPv2 的工作机制,共有 3 种,分别为 MLD 查询器选举机制、MLD 加入组机制和 MLD 离开组机制。

7.5.1　MLD 查询器选举机制

主机通过响应组播侦听查询报文(包括一般查询报文和特定组播地址查询报文)把组播组成员报告给路由器。对于主机来说,发送组播侦听查询报文的路由器的身份标识并不重要,重要的是主机必须接收该报文。尽管如此,每条链路上仅有一台路由器能够产生组播侦听查询报文。这个路由器称为 MLD 查询器(以下称查询器)。在链路中,查询器会以一定周期产生组播侦听查询报文。

路由器可以假定为查询器也可以假定为非查询器。每个路由器在启动时假定为查询器,但是要参与查询器选举过程。在这一过程中,推选具有最小 IPv6 地址的路由器作为查询器。

MLD 查询器选举机制与 IGMPv2 基本相同,如图 7-4 所示,其工作过程如下。

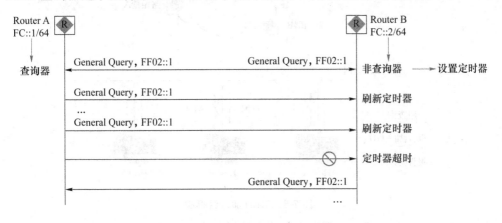

图 7-4　MLD 查询器选举机制

（1）所有 MLD 路由器在初始时都认为自己是查询器,并向本地网段内的所有主机和路由器发送一般查询报文(目的地址为 FF02::1)。

（2）本地网段中的其他 MLD 路由器在收到该报文后,将报文的源 IPv6 地址与自己的接口地址进行比较。通过比较,IPv6 地址最小的路由器将成为查询器,其他路由器成为非查询器。

（3）所有非查询器都会启动一个定时器。在定时器超时前,如果收到了来自查询器的一般查询报文,则刷新该定时器;否则,就认为原查询器失效,并发起新的查询器选举过程。

7.5.2 MLD 加入组机制

IPv6 主机通过向感兴趣的组播地址发送组播侦听报告报文来加入组播组。路由器通过逐跳路由器警告选项识别 MLD 数据报文,并把 MLD 数据报文传递给上层。路由器中的组播路由选择进程通过其部署的路由协议来接收,并开始向组播组的主机成员转发这些组播数据报文。主机也能接收正在加入这个组的其他主机发送的组播侦听报告报文。

MLD 加入组机制如图 7-5 所示。由图可知,Host B 与 Host C 想要收到发往 IPv6 组播组 G1 的 IPv6 组播数据报文,而 Host A 想要收到发往 IPv6 组播组 G2 的 IPv6 组播数据报文,那么主机加入 IPv6 组播组以及 MLD 查询器维护 IPv6 组播组成员关系的基本过程如下。

（1）主机会主动向其要加入的 IPv6 组播组发送组播侦听报告报文,而不必等待 MLD 查询器发来的组播侦听查询报文。

（2）MLD 查询器(路由器 A)周期性地以组播方式向本地网段内的所有主机和路由器发送一般查询报文(目的地址为 FF02::1)。

（3）在收到一般查询报文后,想加入 G1 的 Host B(假定 Host B 延迟定时器比 Host A 先超时)会首先以组播方式向 G1 发送 MLD 组播侦听报告报文,以宣告其加入 G1。由于本地网段中的所有主机都能收到该组播侦听报告报文,因此 Host C 将不再发送同样加入 G1 的组播侦听报告报文。这个机制被称为主机 MLD 组播侦听报告抑制机制,该机制有助于减少本地网段的信息流量。

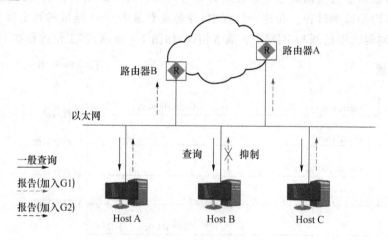

图 7-5　MLD 加入组机制

由于 Host A 关注的是 G2,所以它仍将以组播方式向 G2 发送组播侦听报告报文,以宣告其属于 G2。

经过以上查询和响应过程,MLD 路由器了解到本地网段中有 G1 和 G2 的成员,于是由 IPv6 组播路由协议(如 IPv6 PIM)生成(* ,G1)和(* ,G2)组播转发项作为 IPv6 组播数据的转发依据,其中的" * "代表任意 IPv6 组播源。

当由 IPv6 组播源发往 G1 或 G2 的 IPv6 组播数据经过组播路由到达 MLD 路由器时,由于 MLD 路由器上存在(* ,G1)和(* ,G2)组播转发项,于是将该 IPv6 组播数据转发到本地网段,接收者主机便能收到该 IPv6 组播数据了。

7.5.3 MLD 离开组机制

当主机要离开组播组,并且该主机是最后一个发送组播侦听报告报文的节点时,它就会向本地网段内的所有 IPv6 组播路由器(目的地址为 FF02::2)发送组播侦听已完成报文。查询器收到该报文后,向该主机所声明要离开的那个 IPv6 组播组发送特定组播地址查询报文(目的地址字段和组地址字段均填充为所要查询的 IPv6 组播组地址)。如果该网段内还有该 IPv6 组播组的其他成员,则这些成员在收到特定组播地址查询报文后,会在该报文中所设定的最大响应时间(Maximum Response Delay)内发送组播侦听报告报文。如果在最大响应时间内收到了该 IPv6 组播组其他成员发送的组播侦听报告报文,查询器就会继续维护该 IPv6 组播组的成员关系;否则,查询器将认为该网段内已无该 IPv6 组播组的成员,于是不再维护这个 IPv6 组播组的成员关系。

7.6 MLDv2 协议

MLDv1 报文只能携带组播组的信息,不能携带组播源的信息,这样运行 MLDv1 的成员主机在加入组时便无法选择加入哪个指定源的组。而 MLDv2 解决了这个问题,运行 MLDv2 的成员主机不仅能够选择组播组,还能够根据需要选择接收有需要的组播源数据。同时,与 MLDv1 的组播侦听报告报文只能携带一个组播组信息相比,MLDv2 报文可以携带多个组播组信息,这就大大减少了成员主机与查询器之间交互的报文数量。

与 MLDv1 报文相比,MLDv2 报文包含两大类:组播侦听查询报文和组播侦听报告报文。MLDv2 没有定义专门的组播侦听已完成报文,成员的离开通过特定类型的报告报文来传达。

组播侦听查询报文中不仅包含一般查询报文和特定组播地址查询报文,还新增了特定源组查询报文。特定源组查询报文由查询器向共享网段内特定组播组成员发送,用于查询该组成员是否愿意接收特定源发送的数据报文。特定源组查询通过在报文中携带一个或多个组播源地址来达到这一目的。

组播侦听报告报文不仅包含主机想要加入的组播组,还包含主机想要接收的有需要的组播源数据。MLDv2 增加了针对组播源的过滤模式(INCLUDE / EXCLUDE),将组播组与源列表之间的对应关系简单地表示为(G,INCLUDE,(S1、S2…)),表示只接收来自指定组播源 S1、S2…发往组 G 的数据;或将这种对应关系表示为(G,EXCLUDE,(S1、S2…)),表示接收除了组播源 S1、S2…之外的组播源发给组 G 的数据。当组播组与组播源列表的对应关系发生变化时,组播侦听报告报文会将该变化存放于组播地址记录(Multicast Address Record)字段,并发送给 MLD 查询器。

7.6.1 MLDv2 报文

1. MLDv2 组播侦听查询报文

MLDv2 组播侦听查询报文的格式如图 7-6 所示,其各个字段的说明见表 7-2。

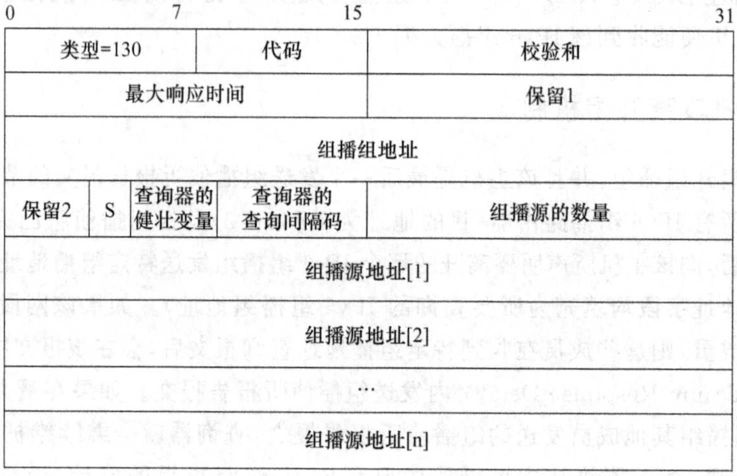

图 7-6 MLDv2 组播侦听查询报文的格式

表 7-2 MLDv2 组播侦听查询报文各个字段说明

字　段	说　明
类型	该字段值设置为 130,表示 MLDv2 组播侦听查询报文。MLDv2 组播侦听查询报文包括一般组查询报文、特定组查询报文和特定源组查询报文三类
代码	该字段在发送时被设为 0,并在接收时被忽略
校验和	标准的 ICMPv6 校验和字段,校验范围包括所有 MLD 报文以及 IPv6 首部区域中的伪首部。该字段在进行校验计算时的初始值设置为 0。接收报文时首先验证校验和,然后才能处理报文
最大响应时间	成员主机在收到 MLD 查询器发送的一般组查询报文后,需要在最大响应时间内做出回应。该字段仅在一般组查询报文中有效
保留 1	该字段在发送时被设为 0,并在接收时被忽略
组播组地址	在一般组查询报文中,该字段值设为“::”;在特定组查询报文和特定源组查询报文中,该字段值设置为要查询的组播组地址
保留 2	发送报文时,该字段设为 0;接收报文时,不对该字段进行处理
S	当该字段长度为 1 bit 且值为 1 时,所有收到此查询报文的其他路由器均不启动定时器刷新过程,但是此查询报文并不抑制查询器选举过程
查询器的健壮系数	如果该字段不为 0,则表示查询器的具体健壮系数值;如果该字段为 0,则表示查询器的健壮系数大于 7。路由器收到组播侦听查询报文时,如果发现该字段不为 0,则将自己的健壮系数调整为该字段的值;如果发现该字段为 0,则不做处理
查询器的查询间隔码	MLD 查询器的查询间隔码的单位为秒。非查询器收到查询报文时,如果发现该字段值不为 0,则将自己的查询间隔参数调整为该字段的值;如果发现该字段值为 0,则不做处理
组播源的数量	该字段表示组播侦听查询报文中包含的组播源的数量。对于一般组查询报文和特定组查询报文,该字段为 0;对于特定源组查询报文,该字段不为 0。此字段的大小受到所在网络 MTU 大小的限制
组播源地址	组播源地址的数量受到组播源的数量字段大小的限制

2. MLDv2 组播侦听报告报文

MLDv2 组播侦听报告报文的格式如图 7-7 所示,其各个字段的说明见表 7-3。

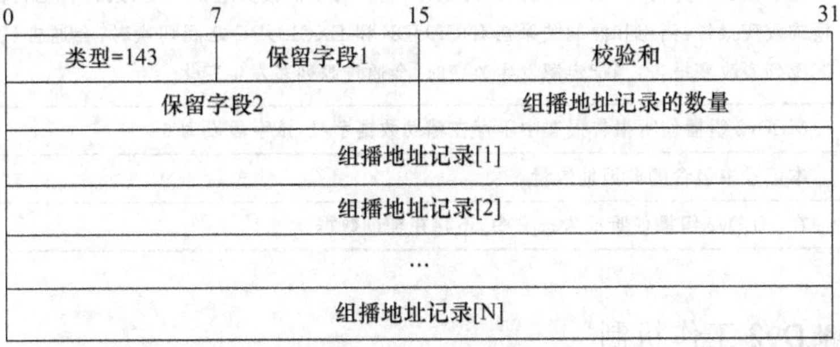

0	7	15	31
类型=143	保留字段1	校验和	
保留字段2		组播地址记录的数量	
组播地址记录[1]			
组播地址记录[2]			
...			
组播地址记录[N]			

图 7-7 MLDv2 组播侦听报告报文的格式

表 7-3 MLDv2 组播侦听报告报文各个字段说明

字 段	说 明
类型	该字段值设置为 143,表示 MLDv2 组播侦听报告报文
保留字段 1	发送报文时,该字段设为 0;接收报文时,不对该字段进行处理
校验和	标准的 ICMPv6 校验和。覆盖所有 MLD 报文以及 IPv6 首部区域中的伪首部。该字段在进行校验计算时设为 0。接收报文时,首先验证校验和,然后才能处理报文
保留字段 2	发送报文时,该字段值设置为 0;接收报文时,不对该字段进行处理
组播地址记录的数量	报文中包含的所有组播地址记录的数量
组播地址记录	组播地址记录包括组播侦听报文中所包含的组播组地址和组播源地址等信息。该字段格式见图 7-8

组播地址记录字段的格式如图 7-8 所示,其部分字段的说明见表 7-4。

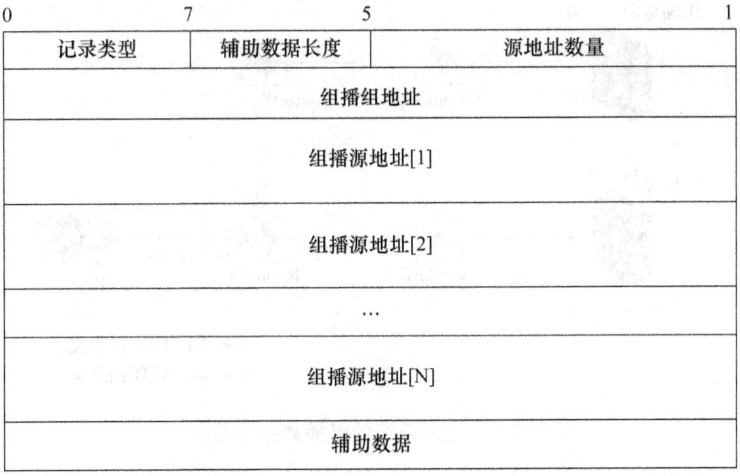

0	7	5	1
记录类型	辅助数据长度	源地址数量	
组播组地址			
组播源地址[1]			
组播源地址[2]			
...			
组播源地址[N]			
辅助数据			

图 7-8 组播地址记录字段的格式

表 7-4 组播地址记录部分字段说明

字 段	说 明
记录类型	记录类型共分为 3 类。①当前状态报告:用于对查询报文进行响应,通告自己目前的状态。②过滤模式改变报告:当组和源的关系在 INCLUDE 和 EXCLUDE 之间切换时,会通告过滤模式发生变化。③源列表改变报告:当指定源发生改变时,会通告源列表发生变化
辅助数据长度	MLDv2 组播侦听报告报文中不存在辅助数据字段,该字段设为 0
源地址数量	本记录中包含的源地址数量
辅助数据	在 MLDv2 组播侦听报告报文中,不存在辅助数据

7.6.2 MLDv2 工作机制

在工作机制上,与 MLDv1 相比,MLDv2 增加了主机对组播源的选择能力。

1. 特定源组加入

MLDv2 的组播侦听报告报文的目的地址为 FF02::16。通过在组播侦听报告报文中携带组播地址记录,主机在加入组播组的同时,能够明确要求接收或不接收特定组播源发出的组播数据。

如图 7-9 所示,网络中存在 S1 和 S2 两个组播源,它们均向组播组 G 发送组播数据,Host 仅希望接收从组播源 S1 发往组播组 G 的信息。

如果 Host 运行的是 MLDv1,则其加入组播组 G 时无法对组播源进行选择,无论其是否需要,都会同时收到来自组播源 S1 和 S2 的数据。如果采用 MLDv2,成员主机可以选择仅接收来自组播源 S1 的数据,方法如下。

方法一:Host 发送 MLDv2 报告(G,INCLUDE,(S1)),仅接收组播源 S1 向组播组 G 发送的数据。

方法二:Host 发送 MLDv2 报告(G,EXCLUDE,(S2)),不接收指定源 S2 向组播组 G 发送的数据,从而只有来自组播源 S1 的数据才能传递到 Host。

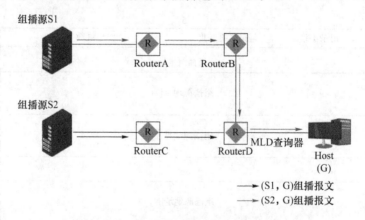

图 7-9 特定源组的组播数据流路径

2. 特定源组查询

当收到组成员发送的改变组播组与源列表的对应关系的报告时(如 CHANGE_TO_INCLUDE_MODE、CHANGE_TO_EXCLUDE_MODE),MLD 查询器会发送特定源组查询报文。如果组成员希望接收其中任意一个源的组播数据,将反馈组播侦听报告报文。MLD

查询器根据反馈的组成员报告更新该组对应的源列表。

7.7 组播路由选择的基本原理

组播中的路由选择和转发与单播中的情况完全不同。首先,由于典型情况下一个源报文存在多个接收者,所以报文的传播路径有许多分支,使得整个路径成为一个分布树。其次,与单播路由选择不同,源地址信息在转发组播报文时具有重要的作用。最后,接收节点的行为直接通过主机-路由协议影响路由信息,如 MLD。

7.7.1 反向路径转发

反向路径转发(Reverse Path Forwarding,RPF)算法是组播路由选择的基本概念。它用于验证是否在接口上接收组播分组,在这个接口上,路由器将把单播分组转发给组播分组的源站。RPF 算法通过检测组播分组的源站和输入接口(Input Interface,IIF)来阻止转发循环,并且只有当这个分组来自合适的接口时才允许路由器接收组播分组。随后,路由器将这个组播分组转发给一些接口或所有的其他接口。

图 7-10 阐述了 RPF 的基本概念。在图 7-10(a)中,源 S 和组 G 的一个组播分组(定义为 <S,G>)到达正确的 IIF,并且路由器将这个分组转发给其他接口。在图 7-10(b)中,组播分组到达错误的 IIF,导致 RPF 失败,所以路由器丢弃了这个分组。注意,组 G 对执行 RPF 检测没有任何影响,它只在转发路由器决定输出接口时有意义。

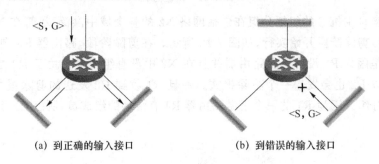

(a) 到正确的输入接口   (b) 到错误的输入接口

图 7-10 RPF 的基本概念

7.7.2 组播路由选择模型

组播路由选择有几种实现模型,其中两个主要模型是:洪泛和剪除模型以及显式加入模型。基于这两个模型的组播路由选择协议通常分别称为密集模式协议和稀疏模式协议。

1. 洪泛和剪除模型

在洪泛和剪除模型中,组播路由器首先在整个网络上"洪泛"组播分组,即路由器将组播分组转发给除了基于 RPF 的输入接口之外的所有接口。当那个分组传送给附属于叶子网络的路由器时,路由器就会根据是否有接收者通过 MLD 协议通知它们的存在来做决定。如果没有接收者存在,"剪除"程序就会启动。位于叶子网络的路由器向剪除报文发送基于 RPF 的上游路由器。如果路由器收到了剪除报文并且没有其他路由器或者主机请求组播接收,它就会停止向剪除报文到达的接口转发组播分组。另外,当路由器停止为所有可能的输出接口转发报文时,它会将剪除报文发送给其上游路由器。

重复这个过程,分组的分布趋于理想化:分组发送给所有的接收者,并且只有应该接收的接收者才能接收。最终的转发路径为源地址和目的地址对形成的一个分布树。

图 7-11 阐述了洪泛过程,其中箭头代表洪泛路径。在这个路由选择域中,有 4 台主机:一个组播源 S 和 3 个接收者 H1、H2、H3。

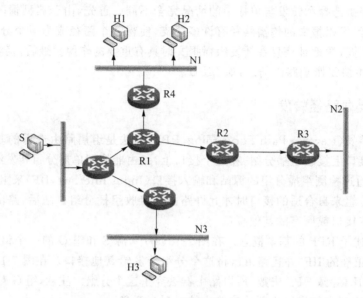

图 7-11　洪泛过程

一开始,来自主机 S 的组播分组在包括网络 N2 的整个域中洪泛,尽管在 N2 中没有组成员节点。之后,剪除阶段开始实行,如图 7-12 所示。在剪除阶段,路由器 R3 向上游发送一个剪除报文,这是因为 R3 没有下游路由器并且在 N2 中没有组成员。由于 R3 是 R2 唯一的下游路由器,所以 R2 也会发送一个剪除报文。一旦 R1 收到 R2 发送的剪除报文,就会停止向 R2 转发组播分组。因为 R1 的一个下游路由器 R4 有活动的组成员,所以 R1 不会向上游传播剪除报文。

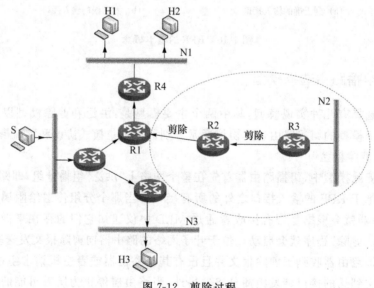

图 7-12　剪除过程

在图 7-12 中,一旦剪除过程完成,网络的阴影区域将被排除在组播转发树之外。

2. 显式加入模型

洪泛和剪除模型是一种简单的机制,在某些环境中能够很好地工作。具体来说,它的优势在于:除了启动相应的组播路由选择协议之外不需要特别配置。但它也存在不足:首先,由于它的洪泛特性,洪泛和剪除模型不适用于较大规模的网络;其次,使用这个模型,在每一个单一的链路(除了被 RPF 排除的那些链路)上都必须发送一定数量的分组。根据分组的大小和链路带宽,即使在短期内发送不需要的分组也是不合适的。

对于上述问题,显式加入模型采用了一种完全不同的方法。在这个模型中,当路由器收到来自叶子网络的组播侦听报告报文时,它会将组地址的加入报文(其细节取决于组播路由协议)发送给基于 RPF 的组播发送树的根节点。根节点通常称为核(core),它可能是组播地址分组的源节点或者位于源节点和叶子节点之间的一个特定路由器。为简单起见,这里主要对有核的情况进行解释,但一般来说,其本质是相同的。在通往核的路径上,每一个路由器都向核转发加入报文,并记录组下游的有效信息。当加入报文到达核时,就会建立特定组播组的分组分布路径。

图 7-13 为在显式加入模型中建立分布路径的过程。在这个示例中,两台主机 H1 和 H2 正在加入一个组播组 G。当到达 H1 和 H2 的邻接路由器 R4 和 R5 收到来自这些主机的报告报文时,会将加入报文发送给核路由器。

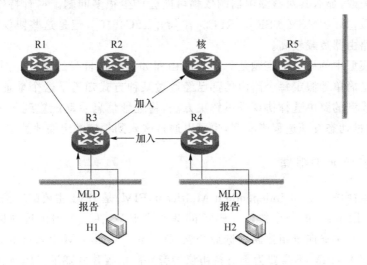

图 7-13 在显式加入模型中建立分布路径

假定主机 S 开始向组播组 G 发送组播分组(见图 7-13)。第一跳组播路由器(R1)将把这些分组转发给核路由器。核路由器是一个特殊的路由器,所以每一个路由选择协议都提供一种方法确定其地址。分组如何从第一跳路由器被转发到核路由器,也取决于路由选择协议。一旦核路由器收到分组,它就可以简单地沿着已经建立的路径(若有的话)分发分组。事实上,在图 7-14 中,因为在连接 R5 的叶子网络中没有接收者,所以核不会把分组转发给路由器 R5。这样,分组就仅在那些需要它的链路上发送,进而解决了洪泛和剪除模型中的问题,或者至少降低了问题出现的可能性。

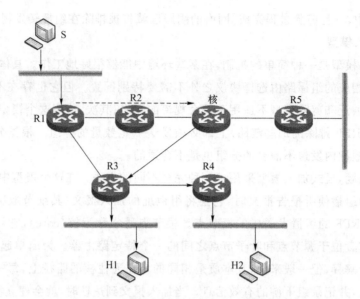

图 7-14　在显式加入模型中沿着分布路径转发分组

　　分组通过核路由器的路径不一定是最优路径。如图 7-14 所示,从主机 S 将分组发送到主机 H1 的最优路径是 S→R1→R3→H1。与使用核路由器的显式加入模型相关的问题之一是在源和其他组成员之间的最优路径中,不可能每一条都有核路由器。另外,既然该路由器可能成为一个单点失败,那么其对核路由器的依赖可能会产生很多问题。尽管特殊的路由选择协议可以进行补救,如[PIMSM-BSR]、[RFC3446]和[RFC4610],但是这些协议本身也有问题,如收敛延迟和路由器负载较高。

　　显式加入模型中的另一个难题是每一个路由器如何获得自身的地址。图 7-13 和图 7-14 展现的示例只是简单地假定每个路由器都已经通过某种方式知道了这个地址,但实际上需要使用显式加入模型的路由选择协议提供解决方法:将地址信息手动配置到每一个特定路由器中,这既可以通过动态发现进程来实现,也可以通过嵌入到相应的组播地址中实现。

7.7.3　协议无关组播

　　协议无关组播(Protocol Independent Multicast,PIM)是 IPv4 主要的组播路由选择协议,也是 IPv6 可利用的唯一的一个协议。PIM 的基本要求是:在一个路由选择域中的所有路由器都支持协议。与距离向量组播路由选择协议(Distance Vector Multicast Routing Protocol,DVMRP)不同的是,PIM 不需要为不支持协议的旁路路由器建立隧道。PIM 第 2 版同时支持IPv4 和 IPv6。

　　PIM 可以利用静态路由或者任意单播路由协议(包括 RIP、OSPF、IS-IS、BGP 等)所生成的单播路由表为 IP 组播提供路由。组播路由与所采用的单播路由协议无关,只要能够通过单播路由协议产生相应的组播路由表项即可。PIM 借助于反向路径转发(Reverse Path Forwarding,RPF)机制实现对组播报文的转发。当组播报文到达本地设备时,首先对其进行RPF 检查:若 RPF 检查通过,则创建相应的组播路由表项,从而进行组播报文的转发;若 RPF检查失败,则丢弃该报文。PIM 路由器上可能同时存在两种组播路由表项。在收到源地址为S、组地址为 G 的组播报文,且通过 RPF 检查的情况下,按照如下规则转发:如果存在(S,G)路由表项,则由(S,G)路由表项指导报文转发;如果不存在(S,G)路由表项,只存在(∗,G)路由表项,则先依照(＊,G)路由表项创建(S,G)路由表项,再由(S,G)路由表项指导报文转发。

PIM 协议有两种类型:PIM 密集模式(Protocol Independent Multicast-Dense Mode,PIM-DM)和 PIM 稀疏模式(Protocol Independent Multicast-Sparse Mode,PIM-SM)。

1. PIM 密集模式

PIM-DM 协议使用"推(Push)模式"转发组播报文,一般应用于组播组成员规模相对较小、相对密集的网络。Push 方式假设网络中每个子网至少有一个(S,G)组播组的接收者,因此组播数据报会被推送到网络上的每个子网。如果路由器所连接的网络上没有组播组的接收者,该路由器会主动从组播分发树上离开,这个动作称为剪枝。反之,如果路由器连接的网络上有新的主机需要加入组播组,该路由器就加到组播分发树上。

PIM-DM 应用在洪泛和剪除模型中。起初,组播分组用 PIM-DM 协议在整个 PIM 路由选择域中广播洪泛。之后,对于没有任何组成员的叶子网络,不必要的传播路径将使用 PIM 加入/剪除报文从转发树中剪除。

与 DVMRP 的一个重要区别是,PIM 需要声明机制。由于 PIM 不关心网络的拓扑结构,所以在洪泛阶段,组播分组可能会在一个单一的链路上重复出现。这种情况可以由 PIM 路由器检测,因为分组到达输出接口后,每个路由器都会在接收接口发送一个 PIM 声明报文。因此,每一个路由器都会收到其他路由器的声明报文,但这其中只有一个路由器能通过以下方式被选举为"获胜者":比较优先级或与到达源的单播路由协议相关的度量,如果不能分胜负,还可以比较源 IP 地址。一旦确定获胜者,将只有获胜路由器才能在链路上为该对源和组转发分组。如果需要的话,其他路由器会向上游发送加入/剪除报文来剪除不必要的路径。

图 7-15 描述了一种必须使用 PIM 声明机制来消除分组重复的情形。图中,路由器 R1 和路由器 R2 都收到源 S 的一个组播分组,它们都会给主机 H 转发这个分组,导致分组的两个副本在网络 N2 上出现。组播分组到达先前传送过相同分组的输出接口上,两个路由器均通过这种方式检测到这个分组的重复条件。之后,两个路由器通过发送 PIM 声明报文进入选举过程,如图 7-16 所示。

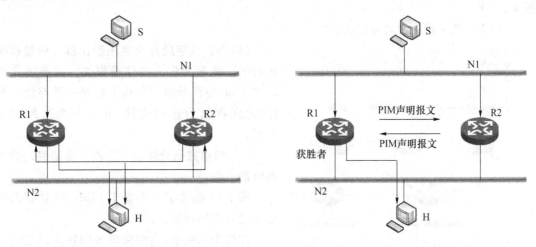

图 7-15 组播分组重复性检测　　　　　　　图 7-16 PIM 声明过程

在这个示例中,PIM 声明过程选举路由器 R1 为获胜者。从此,R1 就负责从 S 到 N2 中组播组的分组的转发。

2. PIM 稀疏模式

PIM-SM 协议使用拉(Pull)的方式,而不是强推,这种方式假定网络中不存在接收者,除非有设备用显式的加入机制来申请。

PIM-SM 应用于显式加入模型中。在 PIM-SM 中,核路由器称为汇聚点(Rendezvous Point,RP)。当路由器获知一个主机正加入组播组时,就会将包含组播组地址的加入/剪除报文发送给组地址 RP。路由器将包含 RPF 信息的加入或剪除报文发送给 RP,在每个路由器内为该组建立或更新状态。上述过程将为组建立一个从 RP 到叶子网络的分组分布树(称为共享树),称其为"共享"是因为相同的树应用于到达组的所有源。

当组播源给一个特定组发送组播分组时,第一跳路由器把分组封装到 PIM 注册(PIM Register)报文中,并通过单播路由选择将其转发给 RP。之后,RP 拆封出原始组播报文,并将其沿共享树分发。

PIM 注册报文格式如图 7-17 所示。

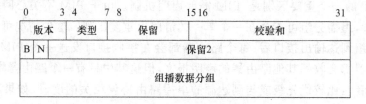

图 7-17　PIM 注册报文格式

PIM 注册报文各字段解析如下。

(1) 版本。该字段包含 PIM 版本号 2。

(2) 类型。该字段指定了 PIM 报文的类型。对于 PIM 注册报文,类型字段取值为 1。

(3) 保留。发送方将该字段值设置为 0,接件方忽略该字段。

(4) 校验和。标准 IP 校验和包括除 PIM 注册报文的组播数据报部分之外的整个 PIM 报文。

(5) B。该字段称为边界比特。

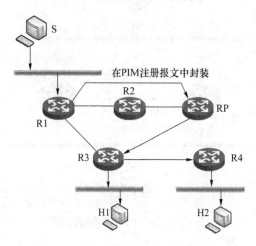

图 7-18　基于 PIM-SM 协议的组播分组分发示例

(6) N。该字段称为空注册比特。保留这个比特的注册报文称为空注册报文。与普通注册报文不同,空注册报文仅为了在第一跳路由器和 RP 之间存活而进行交换,并且不会封装组播分组。

(7) 组播数据分组。该字段为源站发送的原始组播分组。

图 7-18 描述了一个基于 PIM-SM 协议的组播分组分发的示例。

在这个示例中,当组播源 S 向特定组发送一个组播分组时,第一跳路由器 R1 把分组封装到 PIM 注册报文中,并将其作为一个单播分组转发给 RP。随后,RP 拆封该 PIM 注册报文,并沿共享树将原始组播分组转发给隶属于叶子网络的主机成员。

第 **8** 章 DNSv6

8.1 引 言

DNS(Domain Name System)是"域名系统"的英文缩写,是一种组织成域层次结构的计算机和网络服务命名系统。它用于 TCP/IP 网络,所提供的服务是将主机名和域名转换为 IP 地址。

许多应用层软件经常直接使用 DNS。虽然计算机的用户只是间接而不是直接使用 DNS,但 DNS 却为互联网的各种网络应用提供了核心服务。

用户在与互联网上某台主机通信时,必须知道对方的 IP 地址。然而用户很难记住长达 128 位的二进制主机地址。但在应用层为了便于用户记忆各种网络应用,连接在互联网上的主机不仅有 IP 地址,还有便于用户记忆的主机名字。DNS 能够把互联网上的主机名字转换为 IP 地址。

为什么机器在处理 IP 数据报时要使用 IP 地址而不使用域名呢？这是因为 IP 地址的长度固定为 128 bit,而域名的长度并不是固定的,机器处理起来比较困难。

从理论上讲,整个互联网可以只使用一个域名服务器,使它装入互联网上所有的主机名,并回答所有对 IP 地址的查询。然而这种做法并不可取,因为互联网规模很大,这样的域名服务器会因过负荷过大而无法正常工作,而且一旦域名服务器出现故障,整个互联网就会瘫痪。因此,早在 1983 年互联网就开始采用层次树状结构的命名方法,并使用分布式的 DNS。

互联网的 DNS 被设计成为一个联机分布式数据库系统,并采用客户端服务器方式。DNS 使大多数名字都在本地进行解析,仅少量解析需要在互联网上通信,因此 DNS 的效率很高。由于 DNS 是分布式系统,所以即使单个计算机出现故障,也不会妨碍整个 DNS 的正常运行。

域名到 IP 地址的解析是由分布在互联网上的多个域名服务器程序共同完成的。域名服务器程序在专设的节点上运行,而人们也常把运行域名服务器程序的机器称为域名服务器。

域名到 IP 地址的解析过程的要点如下:当某一个应用进程需要把主机名解析为 IP 地址时,该应用进程就调用解析程序,成为 DNS 的一个客户,并把待解析的域名放在 DNS 请求报文中,以 UDP 方式发给本地域名服务器。本地域名服务器在查找域名后,把对应的 IP 地址放在回答报文中返回。应用进程获得目的主机的 IP 地址后即可进行通信。若本地域名服务器不能回答该请求,则此域名服务器就暂时成为 DNS 中的另一个客户,并向其他域名服务器发出查询请求。这种过程不会结束,直至找到能够回答该请求的域名服务器为止。

8.2 DNS 域名空间结构

DNS 作为一个层次结构的分布式数据库,包含各种类型的数据,包括主机名和域名。由 DNS 数据库中的名称形成的分层树状结构称为域命名空间。

早期的互联网使用了非等级的名字空间,其优点是名字简短。但当互联网上的用户数急剧增加时,用非等级的名字空间来管理一个很大的而且经常变化的名字集合是非常困难的。因此,互联网后来就采用了层次树状结构的命名方法,就像全球邮政系统和电话系统那样。采用这种命名方法,任何一个连接在互联网上的主机或路由器都有一个唯一的层次结构的名字,即域名(Domain Name)。这里,"域"是名字空间中的一个可被管理的划分。域还可以划分为子域,而子域还可以继续划分为子域的子域,这样就形成了顶级域、二级域、三级域等。

从语法上讲,每一个域名都由标号序列组成,而各标号之间用点隔开。如图 8-1 所示,域名 mail. abc. com 就是用于收发电子邮件的计算机(邮件服务器)的域名,它由 3 个标号组成,其中标号 com 是顶级域名,标号 abc 是二级域名,标号 mail 是三级域名。

图 8-1 完整域名的组成

DNS 规定,域名中的标号都由英文字母和数字组成,每一个标号的长度都不超过 63 个字符(但为了记忆方便,标号长度最好不要超过 12 个字符),字母也不区分大小写(例如,CCTV 或 cctv 在域名中是等效的)。标号中除连字符"-"外不能使用其他的标点符号。级别最低的域名写在最左边,而级别最高的顶级域名则写在最右边。由多个标号组成的完整域名的总长度不超过 255 个字符。DNS 既不规定一个域名需要包含多少个下级域名,也不规定每一级的域名代表什么含义。各级域名由其上一级的域名管理机构管理,而最高的顶级域名则由 ICANN 进行管理。利用这种方法,可使每一个域名在整个互联网范围内都是唯一的,并且也容易设计出一种查找域名的机制。

需要注意的是,域名只是一个逻辑概念,并不代表计算机所在的物理地点。相对于 IP 地址来说,域名更容易被人们记住,也更方便人们使用。而将 IP 地址长度设计为 128 位二进制数字则非常便于机器进行处理。这里需要注意,域名中的"点"和点分十进制 IP 地址中的"点"并无一一对应的关系。点分十进制 IP 地址中一定包含 3 个"点",但每一个域名中"点"的数目则不一定正好是 3 个。

原先的顶级域名共分为三大类。

(1)国家顶级域名 nTLD。例如:cn 表示中国;us 表示美国;uk 表示英国;等等。国家顶级域名又常记为 ccTLD 。到 2012 年 5 月为止,国家顶级域名总数已达 296 个。

(2)通用顶级域名 gTLD。该域名有 7 个,即 com(公司/企业)、net(网络服务机构)、org

（非营利性组织）、int（国际组织）、edu（美国专用的教育机构）、gov（美国的政府部门）、mil（美国的军事部门）。

（3）基础结构域名。这种顶级域名只有一个，即 arpa，用于反向域名解析，因此又称为反向域名。

在国家顶级域名下注册的二级域名均由该国家自行确定。例如，顶级域名为 jp 的日本，将其教育和企业机构的二级域名定为 ac 和 co，而不用 edu 和 com。

我国把二级域名划分为"类别域名"和"行政区域名"两大类。其中"类别域名"共有 7 个，分别为 ac（科研机构）、com（工、商、金融等企业）、edu（中国的教育机构）、gov（中国的政府机构）、mil（中国的国防机构）、net（提供互联网络服务的机构）、org（非营利性组织）。"行政区域名"共有 34 个，适用于我国各省、自治区、直辖市，如 bj（北京市）、js（江苏省）等。

用域名树来表示互联网的 DS 是最清楚的。图 8-2 是互联网域名空间的结构，它实际上是一个倒过来的树，在最上面的是根，但没有对应的名字。DNS 域名在使用中规定由尾部句点"."来指定名称位于根或者更高层次的域层次结构。

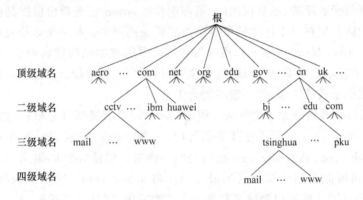

图 8-2 互联网域名空间的结构

根下面一级的节点就是最高级的顶级域名（由于根没有名字，所以在根下面一级的域名就叫作顶级域名），用来表示某个国家、地区或者组织。表示国家或者地区的顶级域名：cn 代表中国；jp 代表日本；uk 代表英国；hk 代表香港；等等。表示组织的顶级域名：com 代表商业公司；edu 代表教育机构；net 代表网络公司；gov 代表非军事政府机构；等等。

顶级域名可往下划分子域，即二级域名。二级域名表示个人或者组织在 Internet 使用的注册名称。例如：sohu 代表搜狐；bj 代表北京；等等。二级域名再往下可划分为三级、四级域名。最后一级是主机名。主机名处于域名空间结构中的最底层，它和域名结合构成完整域名，位于完整域名最左端。

图 8-2 列举了一些域名作为例子。凡是在顶级域名 com 下注册的单位都获得了一个二级域名，图中给出的例子有 cctv（中央电视台）、ibm（IBM）以及 huawei（华为）。在顶级域名 cn（中国）下面举出了几个二级域名，如 bj、edu 以及 com。在某个二级域名下注册的单位可以获得一个三级域名。图中给出的在 edu 下面的三级域名有 tsinghua（清华大学）和 pku（北京大学）。但某个单位拥有了一个域名之后，它就可以自己决定是否进一步划分其下属的子域，并且不必由其上级机构批准。图中 cctv（中央电视台）和 tsinghua（清华大学）分别划分了自己的下一级域名 mail 和 www（分别是三级域名和四级域名）。域名树的树叶就是单台计算机的名字，它不能再继续往下划分子域了。

应当注意,虽然中央电视台和清华大学都各有一台计算机取名为 mail,但它们的域名并不一样,因为前者是 mail. cctv. com,而后者是 mail. tsinghua. edu. cn。因此,即使在世界上还有很多单位的计算机取名为 mail,但是它们在互联网中的域名都必须是唯一的。

这里还要强调的是,互联网的名字空间是按照机构的组织来划分的,与物理的网络无关,与 IP 地址中的"子网"也无关。

8.3 域名服务器

上面讲述的域名体系是抽象的,但域名系统则是由分布在各地的域名服务器组成的。从理论上讲,可以让每一级的域名都有一个相对应的域名服务器,使得所有的域名服务器构成和图 8-2 相对应的"域名服务器树"结构。但这样做会使域名服务器的数量太多,从而降低域名系统的运行效率。因此,域名服务器就采用划分区的办法来解决这个问题。

一个服务器负责管辖的(或有权限的)范围叫作区(zone)。各单位根据具体情况来划分自己管辖范围内的区。但在一个区中的所有节点必须是连通的。每一个区设置相应的权限域名服务器(Authoritative Name Server),用来保存该区中所有主机的域名到 IP 地址的映射。总之,域名服务器的管辖范围不是以"域"为单位,而是以"区"为单位。区是域名服务器实际管辖的范围。区可能小于或等于域,但一定不能大于域。

图 8-3 是区的不同划分方法的举例。假定 abc 公司有下属部门 x 和 y,部门 x 下面又分设3 个分部门 u、v 和 w,而 y 下面还有其下属部门 t。图 8-3(a)表示 abc 公司只设一个区 abc. com。这时,区 abc. com 和域 abc. com 指的是同一件事。但图 8-3(b)表示 abc 公司划分成了两个区(大的公司可能要划分多个区):abc. com 和 y. abc. com。这两个区都隶属于域 abc. com,且都各自设置了相应的权限域名服务器。不难看出,区是域的子集。

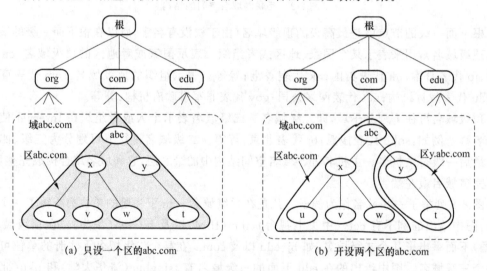

(a) 只设一个区的abc.com   (b) 开设两个区的abc.com

图 8-3　区的不同划分方法

下面以图 8-3(b)中公司 abc 划分的两个区为例,给出域名服务器树状结构图(见图 8-4)。这种域名服务器树状结构图可以更准确地反映域名服务器的分布式结构。在图 8-4 中的每一个域名服务器都能够进行部分域名到 IP 地址的解析。

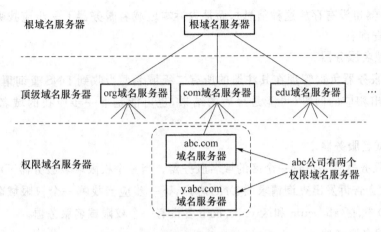

图 8-4　域名服务器树状结构图

从图 8-4 可看出,互联网上的 DNS 也是按照层次安排的。每一个域名服务器只对域名体系中的一部分进行管辖。根据域名服务器所起的作用,可以把它划分为以下 4 种不同的类型。

(1) 根域名服务器

根域名服务器是最高层次的域名服务器,也是最重要的域名服务器。所有的根域名服务器都知道所有顶级域名服务器的域名和 IP 地址。根域名服务器是最重要的域名服务器,因为不管是哪一个本地域名服务器,若想要对互联网上任何一个域名进行解析(即转换为 IP 地址),只要自己无法解析,就首先要求助于根域名服务器。

假定所有的根域名服务器都瘫痪了,那么整个互联网中的 DNS 就无法工作。据统计,到 2016 年 2 月,全世界已经在 588 个地点(地点数值还在不断增加)安装了根域名服务器,但这么多的根域名服务器却只使用 13 个不同 IP 地址的域名,即 a. rootservers. net、b. rootservers. net、…、m. rootservers. net。每个域名下的根域名服务器都由专门的公司或美国政府的某个部门负责运营。但请注意,虽然互联网的根域名服务器总共只有 13 个域名,但这并不表明根域名服务器是由 13 台机器所组成的(如果仅依靠这 13 台机器,根本不可能为全世界的互联网用户提供满意的服务)。实际上,在互联网中是由 13 套装置构成这 13 组根域名服务器的。每一套装置在很多地点都安装了根域名服务器(也可称为镜像根服务器),但都使用同一个域名。负责运营根域名服务器的公司大多在美国,但所有的根域名服务器却分布在全世界。为了提供更可靠的服务,每一个地点的根域名服务器往往由多台机器组成。目前世界上大部分的域名服务器都能就近找到一个根域名服务器来查询 IP 地址(现在这些根域名服务器都已增加了 IPv6 地址)。为了方便,人们常用 A 到 M 等 13 个英文字母中的一个来表示某组根域名服务器。

覆盖范围很大的一组根域名服务器 L 分布在世界上的 150 个地点(其中中国有 3 个,位置都在北京)。由于根域名服务器采用了任播技术,因此当 DNS 客户向某一个根域名服务器的 IP 地址发出查询报文时,互联网上的路由器就能找到离这个 DNS 客户最近的一个根域名服务器。这样做不仅加快了 DNS 的查询过程,也更加合理地利用了互联网的资源。

必须指出,目前根域名服务器的分布仍然是很不均衡的。例如,在北美,平均每 375 万个网民就可以分摊到一个根域名服务器,而在亚洲,平均超过 2 000 万个网民才分摊到一个根域名服务器。

需要注意的是,在许多情况下,根域名服务器并不直接把待查询的域名直接转换成 IP 地址（根域名服务器也没有存放这种信息），而是告诉本地域名服务器下一步应找哪一个顶级域名服务器进行查询。

（2）顶级域名服务器

顶级域名服务器负责管理在其注册的所有二级域名。当收到 DNS 查询请求时，顶级域名服务器就给出相应的回答（可能是最后的结果，也可能是下一步应找的域名服务器的 IP 地址）。

（3）权限域名服务器

权限域名服务器就是负责一个区的域名服务器。当一个权限域名服务器不能给出最后的查询回答时，就会告诉发出查询请求的 DNS 客户，下一步应当找哪一个权限域名服务器。例如，在图 8-3(b)中，区 abc.com 和区 y.bc.com 各设有一个权限域名服务器。

（4）本地域名服务器

本地域名服务器并不属于图 8-4 所示的域名服务器层次结构，但它对域名系统非常重要。当一台主机发出 DNS 查询请求时，查询请求报文就会被发送到本地域名服务器，由此可看出本地域名服务器的重要性。本地域名服务器离用户较近，一般不超过几个路由器的距离。当所要查询的主机也属于同一个本地互联网服务供应商（Internet Service Provider，ISP）时，该本地域名服务器能立即将所查询的主机名转换为它的 IP 地址，而不需要再去询问其他的域名服务器。

为了提高域名服务器的可靠性，域名服务器把数据都复制到几个域名服务器中保存，其中的一个是主域名服务器（Master Name Server），其他的是辅助域名服务器（Secondary Name Server）。当主域名服务器出现故障时，辅助域名服务器可以保证 DNS 的查询工作不中断。主域名服务器定期把数据复制到辅助域名服务器中，而更改数据只能在主域名服务器中进行，这样就保证了数据的一致性。

下面简单讨论域名的解析过程，这里要注意两点。

第一，主机向本地域名服务器查询一般都采用递归查询。所谓递归查询就是：如果主机所询问的本地域名服务器不知道被查询域名的 IP 地址，那么本地域名服务器就以 DNS 客户的身份，向其他根域名服务器继续发出查询请求报文（即替该主机继续查询），而不是让该主机自己进行下一步的查询。因此，递归查询返回的查询结果或者是所要查询的 IP 地址，或者提示报错（表示无法查询到所需的 IP 地址）。

第二，本地域名服务器向根域名服务器查询通常采用迭代查询。迭代查询的特点是：当根域名服务器收到本地域名服务器发出的迭代查询请求报文时，要么给出所要查询的 IP 地址，要么告诉本地域名服务器下一步应当向哪一个域名服务器进行查询。根域名服务器通常把自己知道的顶级域名服务器的 IP 地址告诉本地域名服务器，让本地域名服务器再向顶级域名服务器查询。

顶级域名服务器在收到本地域名服务器的查询请求后，要么给出所要查询的 IP 地址，要么告诉本地域名服务器下一步应当向哪一个权限域名服务器进行查询，本地域名服务器就这样进行迭代查询。本地域名服务器获取了所要解析域名的 IP 地址后，它就把这个查询到的 IP 地址返回给发起查询的主机。

下面用例子说明了这两种查询的区别。

（1）递归查询

图 8-5 所示为递归查询的全过程。

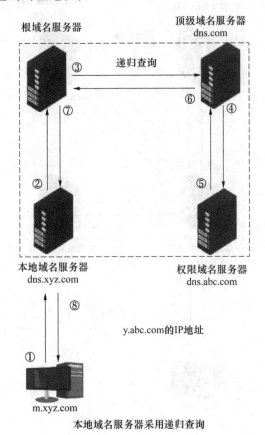

图 8-5 递归查询

当主机 m. xyz. com 的浏览器需要知道域名所对应的 IP 地址时,它会向本地域名服务器 dns. xyz. com 进行查询。如果本地主机所询问的本地域名服务器不知道被查询域名的 IP 地址,那么本地域名服务器就以 DNS 客户的身份,向根域名服务器继续发出查询请求报文(即替主机继续查询),而不是让主机自己进行下一步的查询。

在这种情况下,本地域名服务器只需向根域名服务器查询一次,后面的几次查询都是递归在其他几个域名服务器之间进行的(也就是根域名服务器以 DNS 客户的身份,向顶级域名服务器继续发出查询请求报文,顶级域名服务器以此类推)。然后,本地域名服务器从根域名服务器那里得到所需的 IP 地址,最后本地域名服务器将查询结果告诉主机 m. xyz. com。

（2）迭代查询

迭代查询如图 8-6 所示。

当根域名服务器收到本地域名服务器发出的迭代查询请求报文时,一般会告诉本地域名服务器下一步应该向哪一个顶级域名服务器进行查询,即根域名服务器返回所查询域名的顶级域名服务器 IP 地址。接下来,让本地域名服务器向这个顶级域名服务器进行后续的查询。同样,顶级域名服务器收到查询报文后,要么给出所要查询的 IP 地址,要么告诉本地域名服务器下一步应该向哪一个权限域名服务器查询。然后让本地域名服务器向这个权限域名服务器进行后续的查询。最后,本地域名服务器在知道所要解析域名的 IP 地址后,将查询结果保存到本地缓存,同时把这个查询结果返回给发起查询的主机。

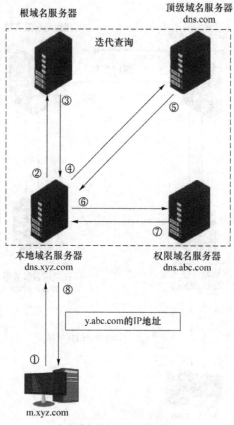

图 8-6   迭代查询

8.4   DNS 查询报文

DNS 查询报文分为查询请求报文和查询响应报文,这两种报文的结构基本相同。DNS 查询报文格式如图 8-7 所示。

事务ID	标志
问题计数	回答资源记录数
权威名称服务器计数	附加资源记录数
查询问题区域	
回答问题区域	
权威名称服务器区域	
附加信息区域	

图 8-7 DNS 查询报文格式

在 DNS 查询报文格式中,事务 ID、标志、问题计数、回答资源记录数、权威名称服务器计数、附加资源记录数这 6 个字段是 DNS 的报文首部,共 12 字节。

DNS 查询报文主要由 3 部分组成,即基础结构部分、问题部分、资源记录部分。下面将详细介绍每部分的内容及含义。

1. 基础结构部分

DNS 查询报文的基础结构部分指的是报文首部,共 12 字节,如图 8-8 所示。

事务ID	标志
问题计数	回答资源记录数
权威名称服务器计数	附加资源记录数

图 8-8 基础结构部分

基础结构部分中每个字段的说明如下。

(1) 事务 ID:DNS 查询报文的 ID 标识。

(2) 标志:DNS 查询报文中的标志字段。

(3) 问题计数:DNS 查询请求的数目。

(4) 回答资源记录数:DNS 响应的数目。

(5) 权威名称服务器计数:权威名称服务器的数目。

(6) 附加资源记录数:额外的记录数目(权威名称服务器对应 IP 地址的数目)。

基础结构部分中的标志字段又分为若干个字段,如图 8-9 所示。

QR	OPCode	AA	TC	RD	RA	Z	RCode

图 8-9 基础结构部分中的标志字段

标志字段中每个字段的说明如下。

(1) QR(Query Response)。该字段用于查询请求/响应的标志信息。当报文用于查询请求时,QR 值为 0;当报文用于响应请求时,QR 值为 1。

(2) OPCode。该字段为操作码字段,其值为 0 表示标准查询;值为 1 表示反向查询;值为 2 表示服务器状态请求。

(3) AA(Authoritative Answer)。该字段为授权应答字段,在响应报文中有效。字段值为 1 时,表示名称服务器是权威服务器;字段值为 0 时,表示名称服务器不是权威服务器。

(4) TC(Truncated)。该字段表示报文是否被截断,字段值为 1 时,表示响应报文已超过 512 字节并已被截断,此时只返回前 512 个字节。

(5) RD(Recursion Desired)。该字段表示域名查询方式是不是期望递归,其值在查询请求报文中设置,在查询响应报文中返回。如果该字段值为 1,则名称服务器必须处理这个查询,这种方式被称为递归查询。如果该字段值为 0,且被请求的名称服务器没有一个授权回答,则该名称服务器将返回一个能解答该查询的其他名称服务器列表,这种方式被称为迭代查询。

(6) RA(Recursion Available)。该字段为可用递归字段,只出现在响应报文中。当字段值为 1 时,表示服务器支持递归查询。

(7) Z。该字段为保留字段,在所有请求和应答报文中,它的值必须为 0。

(8) RCode(Reply code)。该字段为返回码字段,表示查询响应的差错状态。当该字段值为 0 时,表示没有错误;当字段值为 1 时,表示报文格式错误,服务器不能理解查询请求的报文;当字段值为 2 时,表示域名服务器失败;当字段值为 3 时,表示名字错误;当字段值为 4 时,表示查询类型不支持,即域名服务器不支持此类查询类型;当字段值为 5 时,表示拒绝服务。

2. 问题部分

问题部分指的是报文格式中的查询问题区域部分。该部分用来显示 DNS 查询请求的问题,问题通常只有一个。该部分包含正在进行的查询信息,也包含查询名(被查询主机名字)、查询类型和查询类。

问题部分共 8 字节,其格式如图 8-10 所示。

图 8-10　问题部分格式

问题部分中每个字段的说明如下。

(1) 查询名。该字段值设置为要查询的域名,有时会是 IP 地址,用于反向查询。

(2) 查询类型。DNS 资源记录类型有 A、AAAA 或者 A6 类型,该字段可以确定查询请求报文需要查找的资源记录类型。

(3) 查询类。该字段可以确定被查询域名所在的网络类型,目前一般在互联网中查询域名,该字段值设置为 1。

3. 资源记录部分

资源记录部分是指 DNS 查询报文格式中的最后 3 个字段,包括回答问题区域、权威名称服务器区域和附加信息区域 3 个字段,如图 8-11(a)部分所示。这 3 个字段均采用一种称为资源记录的格式,如图 8-11(b)所示。

(a) 资源记录部分　　　　(b) 资源记录格式

图 8-11　资源记录部分和资源记录格式

资源记录部分中每个字段的说明如下。

(1) 域名。DNS 请求的域名。

(2) 类型。该字段表示资源记录的类型,与问题部分中的查询类型值是一样的。

(3) 类。该字段表示地址类型,与问题部分中的查询类值是一样的。

(4) 生存时间。该字段以秒为单位,表示资源记录的生命周期。同时,该字段也可以表明该资源记录的稳定程度,稳定的信息会被分配一个很大的值。

(5) 资源数据长度。该字段表示资源数据的长度。

(6) 资源数据。该字段表示按查询段要求返回的相关资源记录的数据。

8.5　DNS 的扩展

8.5.1　简介

在 IPv6 环境中,IPv6 的 DNS 用来实现域名到 IPv6 地址的正向解析以及 IPv6 地址到域名的反向解析。由于经过改进的互联网根域名服务器可以同时支持 IPv6 和 IPv4 双协议,所以不需要再为 IPv6 域名解析单独建立一套独立的域名系统,IPv6 的域名系统可以和传统的 IPv4 域名系统结合在一起使用。目前互联网上最通用的域名服务软件 BIND 已经实现了对 IPv6 地址的支持。

IPv6 域名解析服务系统支持以下新特性:解析 IPv6 地址的类型,即 AAAA 和 A6 类型;为 IPv6 地址的反向解析提供反向域,即 ip6.int 和 ip6.arpa。

1. 正向 IPv6 域名解析

为了实现域名到 IPv6 地址的正向解析,域名系统中增加了两种新的资源记录类型:AAAA 和 A6。

IPv4 地址正向解析的资源记录类型是 A,而 IPv6 域名解析的正向解析目前有两种资源记录类型,分别为 AAAA 和 A6。其中 AAAA 是为实现域名到 IPv6 地址的正向解析而较早提出的一种资源记录类型。由于 IPv6 地址长度为 128 bit,是 IPv4 地址长度的 4 倍,所以资源记录由 1 个 A 扩大成 4 个 A。但 AAAA 只用来表示域名和 IPv6 地址的对应关系,它只是对原资源记录类型 A 的一种简单扩展,不支持 IPv6 的多层次地址结构特性,以后会逐步被淘汰。

A6 是在 RFC2874 基础上提出的,是一种能比 AAAA 更好地实现域名到 IPv6 地址映射的资源记录类型。它将一个 IPv6 地址映射到多个 A6 记录上,每个 A6 记录都只包含 IPv6 地址的一部分,这些记录结合后才拼装成一个完整的 IPv6 地址。A6 记录支持一些 AAAA 所不具备的新特性,如地址聚集和地址更改等。对使用 A6 资源记录的域名进行查询时,将得到一个或多个完整的 A6 记录链。

A6 记录根据可聚集全局单播地址中的 TLA、NLA 和 SLA 项目的分配层次,把 128 位的 IPv6 地址分解成为若干层次的网络地址和 1 个主机地址。每个网络地址都是地址链上的一环。

2. 反向 IPv6 域名解析

为了使目前的域名系统能正确实现 IPv6 地址到域名的反向解析,域名系统中增加了两个新域:ip6.int 和 ip6.arpa。它们与正向解析中的资源记录类型 AAAA 和 A6 相对应。

IPv6 反向解析的记录和 IPv4 一样,都用 PTR 标识,但 PTR 地址表示的形式有两种。

一种是用"."分隔的半字节十六进制数字格式表示,低位地址在前,高位地址在后,域后缀是"ip6.int"。半字节十六进制数字格式与 AAAA 对应,是对 IPv4 的简单扩展。ip6.int 域可为 IPv6 提供由 IP 地址到主机名的反向解析服务。

假设有如下的一个 IPv6 地址:

IPv6 地址=2001:0410:0000:1234:fb00:1400:5000:45ff

对上述 IPv6 地址的半字节标识为

f.f.5.4.0.0.0.5.0.0.4.1.0.0.b.f.4.3.2.1.0.0.0.0.0.1.4.0.1.0.0.2

对应的 PTR 表示为

PTR= f.f.5.4.0.0.0.5.0.0.4.1.0.0.b.f.4.3.2.1.0.0.0.0.0.1.4.0.1.0.0.2.ip6.int

在区域数据文件中的资源记录为

f.f.5.4.0.0.0.5.0.0.4.1.0.0.b.f.4.3.2.1.0.0.0.0.0.1.4.0.1.0.0.2.ip6.int. IN PTR www.example.org

通过上述资源记录可以查询得到 IPv6 地址 2001:0410:0000:1234:fb00:1400:5000:45ff 所对应的域名为 www.example.org,实现了由 IPv6 地址到域名的反向解析。

另一种是用十六进制串格式表示,以"/["开头,十六进制地址(无分隔符,高位在前,低位在后)居中,地址后加"]",域后缀是"IP6.ARPA."。在"/["和"]"之间有若干个有序的十六进制数。

例如,IPv6 地址 3ffe:321f:0:b1::1 用十六进制串格式表示时,采用如下的形式:

\[x3ffe321f000000b10000000000000001/128]

资源记录形式为

\[x3FFE321F000000B10000000000000001/128].ip6.arpa

name =zah5409.home.6test.edu.cn

8.5.2 IPv6 记录格式

1. AAAA 记录格式

假设一台主机的域名为 www.example.org,其 IPv6 地址为 2001:410:1:1:250:3EFF:FFE4:1,则与该主机相对应的 AAAA 记录为

www.example.org 86400 IN AAAA 2001:410:1:1:250:3EFF:FFE4:1

上述 AAAA 记录各字段说明如下。

- 第 1 个域表示主机域名为 www.example.org。
- 第 2 个域表示它的缓存过期时间是 24 h(86 400 s)。
- 第 3 个域表示该记录是有关因特网的信息。
- 第 4 个域表示这是一条 AAAA 记录。
- 最后一个域记录该主机的 IPv6 地址为 2001:410:1:1:250:3EFF:FFE4:1。

2. A6 记录格式

A6 记录格式由前缀长度、IPv6 地址后缀和域名前缀 3 个部分组成。下面通过一个例子说明 A6 资源记录内容。

对域名 host.example.net 进行解析得到 IPv6 地址的 A6 记录链内容如下:

host.example.net.	86400	IN	A6	64	::1:2:3:4	ip6.subnet.net.
example.net.	86400	IN	NS			dns.zah.org.
ip6.subnet.net.	86400	IN	A6	48	0:0:0:abcd::	ip6.m.net.
ip6.m.net.	86400	IN	A6	40	0:0:0001::	ip6.x.net.
ip6.m.net.	86400	IN	A6	40	0:0:0001::	ip6.y.net.
ip6.x.net.	86400	IN	A6	32	0:0:1100::	x.top-tla.org.
x.top-tla.org.	86400	IN	A6	0	2345:1111::	
ip6.y.net.	86400	IN	A6	32	0:0:2200::	y.top-tla.org.
y.top-tla.org.	86400	IN	A6	0	2345:2222::	

在记录链中的每一行记录中,第一个字段为域名服务器或主机名;第二个字段为记录的生存时间;第三个字段为记录所支持的网络类型;第四个字段为记录类型;第五个字段为网络长度;第六个字段为网络号或主机号;第七个字段为域名服务器。

上述 A6 资源记录内容解析如下。

TOP-TLA. ORG 分别给服务商 x、y 分配了次级聚类前缀 2345:1111::/32 和 2345:2222::/32。同时,x 为 m 分配了次级聚类前缀 2345:1111:1100::/40,y 为 m 分配了次级聚类前缀 2345:2222:2200::/40。网络中间服务商 m 给网络中的一个域名 example.net. 分配了子网号"01",host 是域名 example.net 的一个节点,分配到的子网号为 abcd,host 的接口标识为 1:2:3:4。

如果把记录链中的有关信息连接起来翻译成 AAAA 资源记录表示的话,可用以下两行记录表示:

host. example. net   IN   AAAA   2345:1111:1101:ABCD:1:2:3:4
host. example. net   IN   AAAA   2345:2222:2201:ABCD:1:2:3:4

节点 host 将拥有两个不同的 IPv6 地址:2345:1111:1101:abcd::1:2:3:4 和 2345:2222:2201:abcd::1:2:3:4。由此可以看出,通过 A6 记录链,一个域名可以解析为多个 IPv6 地址。

以地址链形式表示的 IPv6 地址体现了地址的层次性,支持地址聚集和地址部分更改等操作。但是,由于一次完整的地址解析要分成多个步骤进行,因而需要按照地址的分配层次联系到不同的 DNS 服务器进行查询,并且只有所有的查询都成功才能得到完整的解析结果。但这势必会延长解析时间和增加出错的概率。因此,在技术方面,IPv6 需要进一步改进 DNS 地址链功能,提高 IPv6 域名解析的速度,只有这样才能为用户提供理想的服务。

8.6　DNSv6 安全

DNS 是支撑互联网运行的重要核心基础设施,因此它也成为互联网攻击的最主要目标之一。DNS 安全意义重大,一旦发生重大 DNS 攻击事件,将可能在大范围内影响互联网的正常运行,并给社会带来巨大的经济损失。随着我国推进 IPv6 规模部署行动计划的快速实施,目前我国已经有超过 5 亿用户获得了 IPv6 地址,并开始使用 IPv6 网络服务。中国互联网正在向 IPv6 时代全面演进,因此在这个阶段,我们必须高度重视 DNS 安全问题。

由于 DNS 协议在 IPv6 中几乎没有改动,因此在 IPv6 环境中,DNS 服务面临的安全问题和在 IPv4 中相似。但由于 IPv6 地址太长,不容易记忆,在企业内部需要使用更多的域名来标识常用网站,域名服务器的重要性得到进一步的提升,所以对其安全性的部署也应有更全面的考虑。下面列举 DNS 面临的主要安全威胁。

1. 拒绝服务(Denial of Service Attack,DoS)攻击

目前 DNS 服务器所遭受的 DoS 攻击,大多是由攻击者通过其所控制的僵尸网络向 DNS 服务器发起大量域名查询请求,导致 DNS 服务器无法向合法节点提供域名解析服务而引起的。DoS 攻击的类型主要是 Flood 攻击和资源耗尽攻击。攻击者将海量正常的或者伪造的域名查询报文发送到受攻击的域名服务器,从而导致该域名服务器所在网络带宽和自身资源被耗尽,造成拒绝服务攻击。DoS 攻击如图 8-12 所示,非法节点通过发送海量伪造的域名查询请求导致域名服务器无法为合法节点提供域名解析服务。

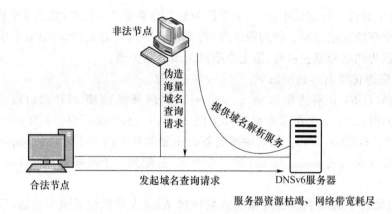

图 8-12 DNS 的 DoS 攻击

2. DNS 欺骗

DNS 欺骗是最常见的 DNS 安全问题之一。当一个 DNS 服务器由于自身的设计缺陷而接收一个错误信息时，那么就将做出错误的域名解析，从而引起众多安全问题。如图 8-13 所示，攻击者通过以下 3 种方式进行 DNS 欺骗。

（1）缓存污染

攻击者采用特殊的 DNS 请求，将虚假信息放入 DNS 的缓存中。

（2）信息劫持

攻击者监听 DNS 会话，获取域名服务器响应 ID 号，抢先将虚假的响应提交给客户端。

（3）DNS 重定向

将 DNS 名称查询重定向到恶意 DNS 服务器。

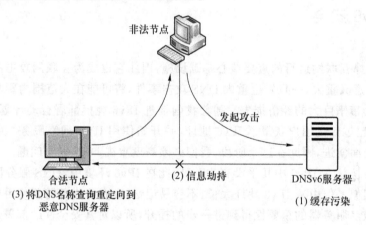

图 8-13 DNS 欺骗的 3 种方式

第9章 DHCPv6

9.1 引 言

IPv6 具有巨大的地址空间,但长达 128 bit 的 IPv6 地址又要求网络参数配置系统具有高效合理的地址自动配置和管理策略。当前,针对 IPv6 地址配置有以下 3 种方式。

(1) 手动配置。通过人工手动配置 IPv6 地址、网络前缀长度及其他网络配置参数。

(2) 无状态地址自动配置。根据路由器通告报文包含的网络前缀信息和主机号完成 IPv6 地址的自动配置。

(3) 有状态地址自动配置。通过 IPv6 动态主机配置协议(Dynamic Host Configuration Protocol for IPv6,DHCPv6)方式实现。DHCPv6 是一种运行在客户端和服务器之间的协议,所有的协议报文都是基于 UDP 的。

IPv6 无状态地址自动配置是目前广泛采用的 IPv6 地址自动配置方式。支持无状态地址自动配置的主机只要在同一个网络的路由器开启 IPv6 路由通告功能,就可以根据通告报文包含的网络前缀信息自动配置该主机地址。但在无状态地址配置方案中设备并不记录所连接的 IPv6 主机的具体地址信息,可管理性差,而且当前无状态地址配置方式不能使主机获取 DNS 服务器地址等配置信息,在可用性上存在一定的缺陷。

DHCPv6 属于一种有状态地址自动配置协议,可以解决上述存在的问题。与其他 IPv6 地址配置方式相比,DHCPv6 在地址自动配置方面具有以下优点。

(1) 能够更好地控制 IPv6 地址的分配。DHCPv6 不仅可以为主机分配 IPv6 地址,还可以为主机分配特定的 IPv6 地址,以便于网络管理。

(2) DHCPv6 支持为网络设备分配 IPv6 网络前缀,便于全网络的自动配置和网络层次性管理。

(3) 除了可以为 IPv6 主机分配 IPv6 地址/网络前缀外,还可以为主机配置 DNS 服务器地址等网络参数。

根据地址自动配置时所获得信息的不同,DHCPv6 可以进一步划分为以下两种地址分配方式。

(1) DHCPv6 完全有状态自动分配。DHCPv6 服务器自动分配 IPv6 地址/网络前缀及其他网络参数(如 DNS 服务器地址、网络前缀和最大跳数参数)。

(2) DHCPv6 半有状态自动分配。主机 IPv6 地址仍然通过无状态地址自动配置获得,除 IPv6 地址以外的其他网络参数需由 DHCPv6 服务器提供。

9.2 DHCPv6 基本架构

DHCPv6 基本架构如图 9-1 所示。

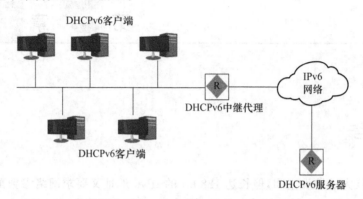

图 9-1 DHCPv6 基本架构

在 DHCPv6 基本架构中,主要包括以下 3 个角色。

(1) DHCPv6 客户端

DHCPv6 客户端通过与 DHCPv6 服务器进行交互,获取 IPv6 地址/网络前缀和其他网络参数。

(2) DHCPv6 中继代理

DHCPv6 中继代理负责转发来自客户端方向或服务器方向的 DHCPv6 报文,协助 DHCPv6 客户端和 DHCPv6 服务器完成地址配置功能。一般情况下,DHCPv6 客户端通过本地链路范围的组播地址与 DHCPv6 服务器通信,以获取 IPv6 地址/网络前缀和其他网络参数。如果 DHCPv6 服务器和客户端不在同一个链路范围内,则需要通过 DHCPv6 中继代理来转发 DHCPv6 报文,这样可以避免在每个链路范围内都部署 DHCPv6 服务器,既节省了成本,又便于进行集中管理。

(3) DHCPv6 服务器

DHCPv6 服务器负责处理来自客户端或中继代理的地址分配、地址续租、地址释放等请求,为客户端分配 IPv6 地址/网络前缀和其他网络参数。

9.3 与 DHCPv6 相关的几个术语

下面介绍本章中常见的关于 DHCPv6 的几个主要术语的定义。

1. 组播地址

在 DHCPv6 协议中,客户端不用配置 DHCPv6 服务器的 IPv6 地址,而是通过发送目的地址为组播地址的报文定位 DHCPv6 服务器。

在 DHCPv4 协议中,客户端发送广播报文来定位服务器。为避免广播风暴,在 IPv6 中已经没有广播类型的报文,而是采用组播报文。DHCPv6 报文用到的组播地址有如下两个。

FF02::1:2:所有 DHCPv6 服务器和中继代理的组播地址,这个地址是本地链路范围的,用于客户端和相邻的服务器及中继代理之间的通信。所有 DHCPv6 服务器和中继代理都是该组的成员。

FF05::1:3:所有 DHCPv6 服务器的组播地址,这个地址是站点范围内的,用于中继代理和服务器之间的通信,站点内的所有 DHCPv6 服务器都是此组的成员。

目前,DHCPv6 报文采用第一个组播地址进行客户端与服务器端的通信。

2. DHCP 唯一标识符

每个 DHCP 服务器或客户端有且只有一个 DHCP 唯一标识符(DHCPv6 Unique Identifier,DUID),服务器使用 DUID 来识别不同的客户端,客户端则使用 DUID 来识别服务器。

客户端和服务器 DUID 的内容分别通过 DHCPv6 报文中的 Client Identifier 和 Server Identifier 选项来携带。两种选项的格式一样,可以通过 option-code 字段的取值来区分是 Client Identifier 还是 Server Identifier 选项。

3. 身份联盟

身份联盟(Identity Association,IA)是使得服务器和客户端能够识别、分组和管理一系列相关 IPv6 地址的结构。每个 IA 包括一个 IAID(Identity Association Identifier)和相关联的配置信息。

客户端必须为它的每一个要通过服务器获取 IPv6 地址的网络接口关联至少一个 IA。客户端通过接口关联的 IA 从服务器获取配置信息,同时每个 IA 必须明确关联到一个接口。因此,一个接口至少关联一个 IA,但一个 IA 可以包含一个或多个地址信息。

IA 的身份由 IAID 唯一确定,同一个客户端的 IAID 不能出现重复。IAID 不应因为设备重启等因素而丢失或改变。

IA 中的配置信息由一个或多个 IPv6 地址以及 T1 和 T2 生存期组成。IA 中的每个地址都有首选生存期和有效生存期。

9.4 DHCPv6 报文格式和类型

1. DHCPv6 报文格式

DHCPv6 报文格式如图 9-2 所示。

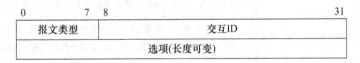

图 9-2　DHCPv6 报文格式

DHCPv6 报文字段说明见表 9-1。

表 9-1 DHCPv6 报文字段说明

字 段	长 度	含 义
报文类型	1 字节	该字段取值范围为 1～13
交互 ID	3 字节	该字段也叫事务 ID，用来标识一个来回的 DHCPv6 报文交互。例如，Solicit/Advertise 报文为一个交互，Request/Reply 报文为另一个交互，两者有不同的事务 ID
选项	可变	表示 DHCPv6 的选项内容，长度可变

2. DHCPv6 报文类型

目前 DHCPv6 定义了如表 9-2 所示的 13 种不同类型的报文，DHCPv6 服务器和 DHCPv6 客户端之间通过这 13 种报文进行通信。

表 9-2 DHCPv6 报文类型

报文类型	DHCPv6 报文	说 明
1	SOLICIT 报文	DHCPv6 客户端使用 SOLICIT 报文来确定 DHCPv6 服务器的位置
2	ADVERTISE 报文	DHCPv6 服务器发送 ADVERTISE 报文对 SOLICIT 报文进行回应，宣告自己能够提供 DHCPv6 服务
3	REQUEST 报文	DHCPv6 客户端通过发送 REQUEST 报文向 DHCPv6 服务器请求 IPv6 地址和其他配置信息
4	CONFIRM 报文	DHCPv6 客户端通过向任意可达的 DHCPv6 服务器发送 CONFIRM 报文来检查自己目前获得的 IPv6 地址是否适用与它所连接的链路
5	RENEW 报文	DHCPv6 客户端通过向给其提供地址和配置信息的 DHCPv6 服务器发送 RENEW 报文来延长地址的生存期并更新配置信息
6	REBIND 报文	如果 RENEW 报文没有得到应答，DHCPv6 客户端会向任意可达的 DHCPv6 服务器发送 REBIND 报文来延长地址的生存期并更新配置信息
7	REPLY 报文	当 DHCPv6 服务器收到客户端发送的 SOLICIT、REQUEST、RENEW、REBIND、INFORMATION-REQUEST、CONFIRM、RELEASE、DECLINE 报文时，DHCPv6 服务器会回应携带了地址和配置信息的 Reply 消息
8	RELEASE 报文	DHCPv6 客户端向为其分配地址的 DHCPv6 服务器发送 RELEASE 报文，表明自己不再使用一个或多个获取的地址
9	DECLINE 报文	DHCPv6 客户端向 DHCPv6 服务器发送 DECLINE 报文，声明 DHCPv6 服务器分配的一个或多个地址在 DHCPv6 客户端所在链路上已经被使用了
10	RECONFIGURE 报文	DHCPv6 服务器通过向 DHCPv6 客户端发送 RECONFIGURE 报文提示 DHCPv6 客户端在 DHCPv6 服务器上存在新的网络配置信息
11	INFORMATION-REQUEST 报文	DHCPv6 客户端通过向 DHCPv6 服务器发送 INFORMATION-REQUEST 报文来请求除 IPv6 地址以外的网络配置信息
12	RELAY-FORWARD 报文	中继代理通过 RELAY-FORWARD 报文向 DHCPv6 服务器转发 DHCPv6 客户端请求报文
13	RELAY-REPLY 报文	DHCPv6 服务器向中继代理发送 RELAY-REPLY 报文，其中携带了转发给 DHCPv6 客户端的报文

9.5 DHCPv6 地址的获取和释放过程

DHCPv6 借助于 UDP 协议进行通信。DHCPv6 客户端与服务端在进行通信时,DHCPv6 客户端和服务器分别使用 UDP 68 号端口和 UDP 67 号端口。

DHCPv6 地址的获取和释放过程如图 9-3 所示。该过程共分为 5 个阶段,分别为发现阶段、提供阶段、请求阶段、确认阶段和释放阶段。

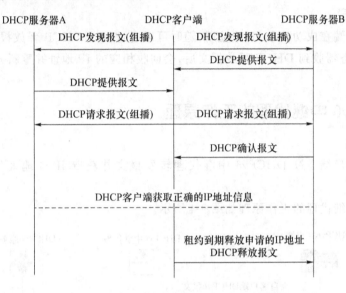

图 9-3　DHCPv6 地址的获取和释放过程

(1) 发现阶段

DHCP 客户端以组播的方式发出 DHCP 发现报文,用于发现 DCHP 服务器。

(2) 提供阶段

所有的 DHCP 服务器在收到 DHCP 客户端发送的 DHCP 发现报文(组播)之后都会给出响应,向 DHCP 客户端发送一个 DHCP 提供报文。

DHCP 提供报文中的"Your(Client) IP Address"字段就是 DHCP 服务器能够提供给 DHCP 客户端使用的 IP 地址,且 DHCP 服务器会将自己的 IP 地址放在"选项"字段中,以便 DHCP 客户端区分不同的 DHCP 服务器。DHCP 服务器在发出此报文后会将分配给客户端的 IP 地址存放在一个已分配 IP 地址的记录表中。

(3) 请求阶段

DHCP 客户端只能处理其中的一个 DHCP 提供报文,一般的原则是 DHCP 客户端处理最先收到的 DHCP 提供报文。DHCP 客户端在收到最先到达的 DHCP 提供报文之后,会发出一个 DHCP 请求报文(组播),意图向 DHCP 服务器请求获取 DHCP 提供报文中提供的 IP 地址,并在 DHCP 请求报文(组播)的选项字段中加入选中的 DHCP 服务器的 IP 地址和自己需要的 IP 地址。

DHCP 服务器收到 DHCP 请求报文(组播)后,判断选项字段中的服务器 IP 地址是否与自己的地址相同。如果不相同,DHCP 服务器不做任何处理,只清除相应的 IP 地址分配记录;如果相同,DHCP 服务器就会向 DHCP 客户端响应一个 DHCP 确认报文,并在选项字段中增加 IP 地址的使用租期信息。

(4)确认阶段

DHCP 客户端收到 DHCP 确认报文后,采用 DAD 机制检测 DHCP 服务器分配的 IP 地址是否与同一个网络中的其他节点地址有冲突。如果没有冲突,则 DHCP 客户端成功获得 IP 地址并根据 IP 地址的使用租期自动启动续延过程;如果有冲突,则 DHCP 客户端向 DHCP 服务器发出 DHCP 拒绝报文,并通知 DHCP 服务器禁用这个 IP 地址,之后 DHCP 客户端开始新的地址申请过程。

(5)释放阶段

DHCP 客户端在成功获取 IP 地址后,随时可以通过发送 DHCP 释放报文释放自己的 IP 地址,DHCP 服务器收到 DHCP 释放报文后,会回收相应的 IP 地址并重新分配。

9.6 DHCPv6 中继代理的工作原理

DHCPv6 客户端通过 DHCPv6 中继代理转发报文并获取 IPv6 地址/前缀和其他网络参数。

DHCPv6 中继代理的工作原理如图 9-4 所示。

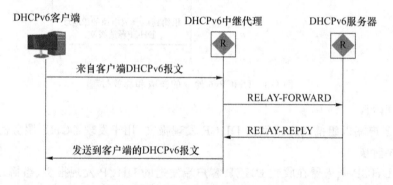

图 9-4 DHCPv6 中继代理的工作原理

DHCPv6 中继代理的工作过程如下。

(1) DHCPv6 客户端向所有 DHCPv6 服务器和 DHCPv6 中继代理发送目的地址为 FF02::1:2(组播地址)的请求报文。DHCP 中继代理根据所处位置不同,对请求报文做如下两种处理并转发。

① 如果 DHCPv6 中继代理和 DHCPv6 客户端位于同一个链路上,即 DHCPv6 中继代理为 DHCPv6 客户端的第一跳中继,中继代理转发直接来自客户端的报文,此时 DHCPv6 中继代理实质上也是客户端的 IPv6 网关设备。DHCPv6 中继代理收到客户端的报文后,将其封装在 RELAY-FORWARD 报文的中继消息选项(Relay Message Option)中,并将 RELAY-FORWARD 报文发送给 DHCPv6 服务器或下一跳中继代理。

② 如果 DHCPv6 中继代理和 DHCPv6 客户端不在同一个链路上,则 DHCPv6 中继代理收到的报文是来自其他中继代理的 RELAY-FORWARD 报文。中继代理构造一个新的

RELAY-FORWARD 报文,并将 RELAY-FORWARD 报文发送给 DHCPv6 服务器或下一跳中继代理。

(2) DHCPv6 服务器从 RELAY-FORWARD 报文中解析出 DHCPv6 客户端的请求,为 DHCPv6 客户端选取 IPv6 地址和其他配置参数,构造应答消息,将应答消息封装在 RELAY-REPLY 报文的中继消息选项中,并将 RELAY-REPLY 报文发送给 DHCPv6 中继代理。

(3) DHCPv6 中继代理从 RELAY-REPLY 报文中解析出 DHCPv6 服务器的应答,并转发给 DHCPv6 客户端。如果 DHCPv6 客户端收到多个 DHCPv6 服务器的应答,则根据报文中的服务器优先级选择一个 DHCPv6 服务器,后续从该 DHCPv6 服务器获取 IPv6 地址和其他网络配置参数。

第 **10** 章 IPv6套接字网络编程

套接字(Socket)网络编程接口是设计 TCP/IP 应用程序的标准,在 IPv6 下利用 Socket 网络编程,需处理 128 位的 IPv6 地址。

10.1 客户与服务器

大多数网络应用系统采用客户/服务器(Client/Server)模式,例如:Web 浏览器访问 Web 服务器;FTP 客户和 FTP 服务器之间进行文件传送;等等。在这种模式中客户应用程序向服务器程序请求服务。不断增长的对等网络应用程序(peer-to-peer 模式)也可看作客户/服务器模式的特殊情况,在对等情景中,连接的两端是平等的。

客户与服务器既可以处于同一局域网,也可以通过路由器跨广域网连接,但无论如何,它们之间的通信都涉及网络通信协议——TCP/IP 协议簇。图 10-1 给出了客户与服务器在 TCP/IP 协议栈中的实际数据流。值得注意的是,客户与服务器是典型的用户进程,而它们的下层(如 TCP、IP 协议等)则通常是系统内核的一部分。

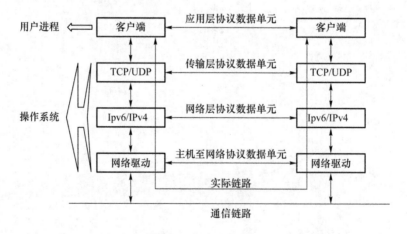

图 10-1　客户与服务器在 TCP/IP 协议栈中的实际数据流

10.2　Berkeley 套接字基础

Berkeley 套接字（Socket）是网络编程应用程序编程接口（Application Programming Interface，API）的一部分，它指定了和操作系统的网络子系统相互作用的函数和相关的数据结构。Berkeley 套接字一般工作在传输层之上，向应用程序开发者提供一套简单的编程界面。

应用程序通过调用 Berkeley 套接字的 API 来实现通信双方之间的通信，而 Berkeley 套接字分别调用下层的网络通信协议和操作系统实现实际的通信。它们之间的关系如图 10-2 所示。

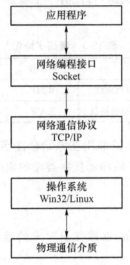

图 10-2　Berkeley 套接字与应用程序的关系

10.2.1　套接字分析

进程之间通信的基础是套接字。可以利用它来给其他进程发送数据，也可以通过它从其他进程获取所需要的数据。

创建一个套接字至少需要 3 个参数：套接字域、套接字类型、套接字协议。

1. 套接字域

Berkeley 套接字是 API 的一部分，而非特定的协议。尽管和 TCP/IP 协议极具关联性，API 最初就是为 TCP/IP 协议而设计的，但 Berkeley 套接字的通用性也很强。

域定义了网络协议簇及其套接字将支持的寻址方案。表 10-1 列出了几种通用的套接字域，表中的 AF_前缀代表地址簇。

表 10-1　通用的套接字域

常　量	描　述	常　量	描　述
AF_UNIX	UNIX 主机内部的进程间的通信	AF_ROUTE	路由套接字
AF_INET	ARPA 网际协议（IPv4 协议）	AF_ISO	国际标准组织协议
AF_INET6	ARPA 网际协议（IPv6 协议）	AF_NS	Xerox 网络协议

2. 套接字类型

套接字类型用于标识通信的基本特征。表 10-2 列出了几种套接字类型。

表 10-2　套接字类型

类　型	描　述
SOCK_STREAM	字节流套接字,提供面向连接的、可靠的通信服务
SOCK_DGRAM	数据报套接字,提供无连接的、不可靠的通信服务
SOCK_RAW	原始套接字,用于访问内部协议和接口

3. 套接字协议

对于给定的套接字域和套接字类型,可能有一个或多个协议实现所需的操作。表 10-3 列出了一些常用的套接字协议。

表 10-3　套接字协议

协　议	描　述	协　议	描　述
TCP	用于字节流套接字的传输控制协议	ICMP	Internet 控制信息协议
UDP	用于数据报套接字的用户数据报协议	RAW	手动创建 IP 数据包

一般来说,套接字协议取值为 0,除非用在原始套接字上。

值得注意的是,并非所有套接字域和套接字类型的组合都是有效的。

10.2.2　套接字寻址

一个进程为了与另一个进程通信,必须知道对方的地址。每种协议簇都定义了自己的套接字地址结构。

下面列出 IPv6 套接字地址结构体:

```
struct sockaddr_in6 {
        unsigned short sin6_family;    /* AF_INET6 协议族 */
        unsigned short sin6_port;      /* 端口地址 */
        unsigned int sin6_flowinfo;    /* IPv6 流信息 */
        struct in6_addr sin6_addr;     /* IPv6 地址 */
        unsigned int sin6_scope_id;    /* 网络接口范围,全球、站点、本地链路… */
};
```

128 bit 的 IP 地址结构为 struct in6_addr,定义如下:

```
struct in6_addr
{
    unsigned char s6_addr[16];      /* IPv6 地址 */
};
```

10.2.3　字节顺序转换函数

考虑一个由多个字节组成的整数,内存中存储这些整数有两种方法:一种是将低序字节存储在起始地址,称为小端字节序;另一种是将高序字节存储在起始地址,称为大端字节序。目前,这两种字节顺序都有计算机系统在使用。

在网络通信中,可以把主机使用的小端字节序称为主机字节顺序(Host Byte Order);而网络协议所使用的大端字节序则称为网络字节顺序(Network Byte Order)。

4个字节顺序转换函数如下。

(1) unsigned short htons(unsigned short 16 比特长的主机字节顺序整数)。该函数的功能是将 16 比特长的整数从主机字节顺序转化为网络字节顺序。

(2) unsigned int htonl(unsigned int 32 比特长的主机字节顺序整数)。该函数的功能是将 32 比特值长的整数从主机字节顺序转化为网络字节顺序。

(3) unsigned short ntohs(unsigned short 16 比特长的网络字节顺序整数)。该函数的功能是将 16 比特长的整数从网络字节顺序转换为主机字节顺序。

(4) unsigned int ntohl(unsigned int 32 比特长的网络字节顺序整数)。该函数的功能是将 32 比特长的整数从主机字节顺序转换为网络字节顺序。

上述函数中,h 代表 host;n 代表 network;s 代表 short(短整数);1 代表 long(长整数)。此外,在使用这些函数时,编程人员并不关心主机字节顺序和网络字节顺序的具体存储,所做的只是调用适当的函数对给定值进行主机字节顺序与网络字节顺序间的转换。

套接字地址结构体中的部分成员需要用网络字节顺序的整数赋值,如端口号可以将主机字节顺序的整数通过 htons 函数转换成相应的网络字节顺序的整数。相反,如果要在主机上显示数据报中提取的端口信息,需要将网络字节顺序的端口号转化为主机字节顺序的整数。

10.2.4　地址转换函数

地址转换函数在 ASCII 字符串与网络字节顺序的二进制值(此值存于套接字地址结构中)之间转换地址。这些地址转换函数主要有 inet_pton 和 inet_ntop 函数,它们的函数原型如下。

(1) int inet pton(int family,const char * strptr,void * addrptr)。该函数的功能是将字符串形式的 IP 地址转化为网络字节顺序二进制值。

(2) const char * inet ntop(int family,const void * addrptr,char * strptr;,size_tlen}。该函数的功能是将网络字节顺序二进制值的 IP 地址转化为字符串形式的 IP 地址。

上述两个函数中的形式参数 family 有两种取值,分别为 AF_INET 和 AF_INET6,其中 AF_INET 应用在 IPv4 网络中,AF_INET6 应用在 IPv6 网络中。

图 10-3 为地址转换函数的功能展示。

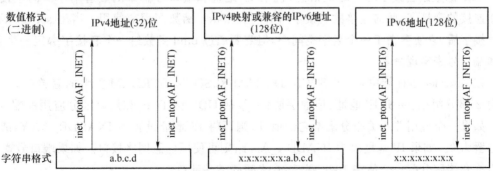

图 10-3　地址转换函数的功能展示

为 IPv4 编写如下代码：

```
struct sockaddr_in addr;
inet_ntop(AF_INET,&addr.sin_addr,str,sizeof(str));
```

为 IPv6 编写如下代码：

```
struct sockaddr_in6 addr;
inet_ntop(AF_INET6,&addr.sin6_addr,str,sizeof(str));
```

10.3　套接字函数

下面介绍在网络通信编程中经常使用的一些套接字函数。

1. socket 函数

功能：创建一个套接字。

函数原型：SOCKET socket(int af, int type, int protocol)。

函数参数说明：af 指定协议族，一般设为 AF_INET，对应 Internet；protocol 指定套接字传输层所使用的协议，使用 TCP 或 UDP 时其值均设置为 0；type 规定了所创建的套接字类型。目前设置了 3 种类型，分别为字节流套接字（SOCK_STREAM）、数据报套接字（SOCK_DGRAM）和原始套接字（SOCK_RAW）。

2. bind 函数

功能：将网络应用程序与传输层端口进行绑定，绑定之后的端口不能被其他网络应用程序抢占。

函数原型：int bind(SOCKET s, const struct sockaddr FAR * name, int namelen)。

函数参数说明如下。

s：标识一个未捆绑套接字的描述字。name：赋予套接字的地址。namelen：地址长度。

sockaddr 结构定义如下：

```
struct sockaddr{
u_short sa_family;
char sa_data[14];
};
```

bind 函数给套接字绑定地址信息，包括 IP 地址和端口号。该函数适用于面向连接和面向非连接的套接字，面向连接的套接字时必须在 listen 函数调用前使用。当用 socket 函数创建套接字后，它便存在于一个名字空间中，但需要通过 bind 函数给一个套接字绑定一个 IP 地址和端口号来实现命名。

在 Internet 地址族中，对于 SOCK_DGRAM 和 SOCK_STREAM 类型的套接字，一个地址由 3 部分组成：主机 IP 地址、传输层协议（包括 UDP 和 TCP）和用以区分应用的端口号。

如果一个应用并不关心分配给它的地址，则可将 IP 地址设置为 INADDR_ANY，或将端口号置为 0。如果 IP 地址段为 INADDR_ANY，则可使用任意网络接口。如果端口号置为 0，则将给套接字分配一个值在 1024 到 5000 之间的唯一端口。

3. listen 函数

功能：将创建的套接字用于监听客户端的连接。该函数只用于 TCP 服务器端，用于监听客户端的连接请求。

函数原型：int listen(SOCKET s, int backlog)。

函数参数说明如下。

s：标识一个已捆绑套接字的描述字。

backlog：等待连接队列的最大长度，表示服务器允许同时接入客户端的数量。

为了接受连接，先用 socket 函数创建一个套接字，再用 listen 函数为申请进入的连接建立一个后备日志，然后便可使用 accept 接受连接。

listen 函数仅适用于支持面向连接的字节流套接字，如 SOCK_STREAM 类型的。套接字处于一种"被动"模式，申请进入的连接请求被接受之后需要等待被进一步处理。如果当一个连接请求到来时，队列已满，那么客户将收到一个 WSAECONNREFUSED 错误。这个函数特别适用于同时有多个连接请求的服务器。

4. accept 函数

功能：服务器调用该函数用于接收客户端连接请求，接收成功之后会创建一个用户收发数据的套接字。

函数原型：SOCKET accept(SOCKET s, struct sockaddr FAR * addr, int FAR * addrlen)。

函数参数说明如下。

s：套接字描述字，该套接字为监听套接字。

addr：(可选)指针，指向一缓冲区，用于存储客户端的网络层和传输层的地址信息，包括 IP 地址和端口号。addr 参数的实际格式由套接字创建时所产生的地址族确定。

addrlen：(可选)指针，指向存有 addr 地址长度的整型数。

该函数从 s 的等待连接队列中抽取第一个连接，为 TCP 服务器端创建一个用于收发数据的套接字。如果队列中无等待连接，且套接字设置为阻塞方式，则调用该函数的进程被阻塞。

该函数的调用代码如下：

```
struct sockaddr_in ClientSocketAddr;
int addrlen;
addrlen = sizeof(ClientSocketAddr);
ServerSocket = accept (ListenSocket, ( struct sockaddr * ) &ClientSocketAddr,
&addrlen);
```

其中，ClientSocketAddr 为客户端地址结构体。

5. connect 函数

功能：TCP 客户端通过调用该函数与 TCP 服务器进行连接。

函数原型：int connect(SOCKET s, const struct sockaddr FAR * name, int namelen)。

函数参数说明如下。

s：指定一个准备用于连接 TCP 服务器的客户端流类套接字。

name：客户端需要连接的 TCP 服务器的地址。

namelen：名字长度。

对于字节流套接字(SOCK_STREAM)来说，该函数会引起 3 次 TCP 握手，一旦套接字调用成功返回，它就能收发数据了。

该函数的调用代码如下：

```
struct sockaddr_in daddr;
memset((void * )&daddr,0,sizeof(daddr));
daddr.sin_family = AF_INET;
daddr.sin_port = htons(8888);
daddr.sin_addr.s_addr = inet_addr("133.197.22.4");
connect(ClientSocket,(struct sockaddr * )&daddr,sizeof(daddr));
```

其中，ClientSocket 为客户端套接字。

6. recv 函数

功能：该函数只应用在 TCP 协议中，用于客户端和服务器接收数据。

函数原型：int recv(SOCKET s, char FAR * buf, int len, int flags)。

函数参数说明如下。

s：面向连接的流式套接字。

buf：用于接收数据的缓冲区。

len：缓冲区长度。

flags：指定调用方式。

对 SOCK_STREAM 类型的套接字来说，本函数将返回所有可用的信息。

7. send 函数

功能：该函数只应用在 TCP 协议中，用于客户端和服务器发送数据。

函数原型：int send(SOCKET s, const char FAR * buf, int len, int flags)。

函数参数说明如下。

s：流式套接字。

buf：包含待发送数据的缓冲区。

len：缓冲区中数据的长度。

flags：调用执行方式。

send 函数用于已连接流式套接字发送数据。

8. recvfrom 函数

功能：用于接收一个数据报。

函数原型：int recvfrom(SOCKET s, char FAR * buf, int len, int flags, struct sockaddr FAR * from, int FAR * fromlen)。

函数参数说明如下。

s：标识一个数据报套接字的描述字。

buf：接收数据缓冲区。

len：缓冲区长度。

flags：调用操作方式。

from：（可选）指针，指向装有源地址的缓冲区。

fromlen：（可选）指针，指向 from 缓冲区长度值。

本函数用于从数据报套接字上接收数据，并捕获源主机的地址信息。

9. sendto 函数

功能：在 UDP 通信中发送数据。

函数原型：int sendto(SOCKET s, const char FAR ∗ buf, int len, int flags, const struct sockaddr FAR ∗ to, int tolen)。

函数参数说明如下。

s：一个标识数据报套接字的描述字。

buf：包含待发送数据的缓冲区。

len：buf 缓冲区中数据的长度。

flags：调用方式标志位。

to：（可选）指针，指向目的套接字的地址。

tolen：to 所指地址的长度。

10. closesocket 函数

功能：关闭一个已创建的套接字。

函数原型：int closesocket(SOCKET s)。

函数参数说明如下。

s：一个套接字的描述字。

上述 10 个套接字函数能够完成面向连接和面向非连接的网络通信。

10.4　面向连接的 TCP 客户端 /服务器(C /S)通信

面向连接的 TCP 客户端/服务器(C/S)通信分为 3 个阶段，分别为连接建立阶段、数据交换阶段和连接关闭阶段。

客户端与服务器需要先建立连接，然后才能进行通信。在连接建立阶段，服务器端始终处于监听状态，时刻等待客户端的连接。同时客户端如需要服务器提供服务，需要主动连接到服务器。在客户端主动连接服务器并通过 TCP 3 次握手之后，客户端成功连接到服务器端。在数据交换阶段，客户端与服务器调用 send 和 recv 函数交换数据。在连接关闭阶段，客户端与服务器关闭绑定的套接字并终止连接。

面向连接的 TCP 客户端/服务器通信模型如图 10-4 所示。

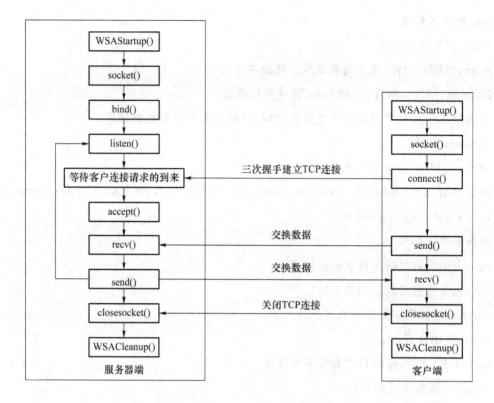

图 10-4　面向连接的 TCP 客户端/服务器通信模型

10.4.1　TCP 服务器端

TCP 服务器端工作流程如下：

（1）初始化 TCP/IP 协议库；

（2）创建一个 Socket；

（3）绑定并监听本地的特定端口；

（4）接收客户端的连接；

（5）在接收客户端连接之后创建新的套接字；

（6）在新的套接字上调用相关函数完成数据的发送和接收；

（7）关闭 Socket；

（8）最后结束 TCP/IP 协议库的调用。

TCP 服务器端通信代码如下。

```
# include < stdio. h>
# pragma comment(lib, " ws2_32.lib")
# include < WINSOCK2.H>
int main(int argc, char ** argv)
{
    int sockfd, new_fd;
    struct sockaddr_in6  my_addr, their_addr;
```

```
unsigned int    myport, lisnum;
char buf[MAXBUF + 1];
if (argv[1])
    myport = atoi(argv[1]);
else
    myport = 8080;
if (argv[2])
    lisnum = atoi(argv[2]);
else
    lisnum = 2;
 if ((sockfd = socket(PF_INET6, SOCK_STREAM, 0)) == -1)
  {
      perror("socket");
      exit(1);
  }
else
   printf("socket created/n");
bzero(&my_addr, sizeof(my_addr));
my_addr.sin6_family = PF_INET6;
my_addr.sin6_port = htons(myport);
if (argv[3])
 inet_pton(AF_INET6, argv[3], &my_addr.sin6_addr);

else
my_addr.sin6_addr = in6addr_any;
if (bind(sockfd, (struct sockaddr * ) &my_addr, sizeof(struct sockaddr_in6)) == -1)
  {
    perror("bind");
    exit(1);
  }
else
   printf("binded/n");
if (listen(sockfd, lisnum) == -1)
{
    perror("listen");
    exit(1);
}
else
```

```
        printf("begin listen/n");
    while (1)
      {
       len = sizeof(struct sockaddr);
       if ((new_fd = accept(sockfd, (struct sockaddr * ) &their_addr, &len)) == -1)
        {
          perror("accept");
           exit(errno);
        }
       else
       printf("server: got connection from % s, port % d, socket % d/n", inet_ntop
(AF_INET6, &their_addr.sin6_addr, buf, sizeof(buf)), their_addr.sin6_port, new_fd);
       bzero(buf, MAXBUF + 1);
       strcpy(buf, "这是在连接建立成功后向客户端发送的第一个消息/n");
       len = send(new_fd, buf, strlen(buf), 0);//向本次连接成功的客户端发送数据
       if (len < 0)
       {
           printf("消息'% s'发送失败! 错误代码是% d,错误信息是'% s'/n",buf,
errno, strerror(errno));
       }
        else
        printf("消息'% s'发送成功,共发送了% d个字节! /n",buf, len);
       bzero(buf, MAXBUF + 1);
       len = recv(new_fd, buf, MAXBUF, 0);  //接收客户端数据
       if (len > 0)
        printf("接收消息成功:'% s',共% d个字节的数据/n",buf, len);
       else
        printf("消息接收失败! 错误代码是% d,错误信息是'% s'/n", errno, trerror(errno));
      }
     close(sockfd);//通信结束,关闭套接字
     return 0;
   }
```

10.4.2　TCP 客户端

与服务端相比,客户端不需要创建两个套接字,也不需要绑定端口和始终处于监听状态,但客户端每次通信时需要向服务器端主动发起连接。

TCP 客户端工作流程如下:

(1) 初始化 TCP/IP 协议库;

(2) 创建一个 Socket;

（3）连接服务器端；

（4）调用函数完成数据的发送和接收；

（5）关闭 Socket；

（6）最后结束 TCP/IP 协议库的调用。

TCP 客户端通信代码如下：

```c
#include <stdio.h>
#include <string.h>
#include <winsock2.h>
#define MAXBUF 1024
int main(int argc, char **argv)
{
    int sockfd, len;
    struct sockaddr_in6 dest;
    char buffer[MAXBUF + 1];
    if (argc != 3)
    {
        printf ("参数格式错误!"); //正确用法如下:命令行  IP 地址 端口
        exit(0);
    }

    if ((sockfd = socket(AF_INET6, SOCK_STREAM, 0)) < 0)
        exit(0);
    else
    printf("socket created/n");
    bzero(&dest, sizeof(dest));
    dest.sin6_family = AF_INET6;
    dest.sin6_port = htons(atoi(argv[2]));
    if ( inet_pton(AF_INET6, argv[1], &dest.sin6_addr) < 0 )
    {
        perror(argv[1]);
        exit(errno);
    }
    printf("address created/n");
    if (connect(sockfd, (struct sockaddr *) &dest, sizeof(dest)) != 0)
    {
        perror("Connect ");
        exit(errno);
    }
    printf("server connected/n");
```

```
bzero(buffer, MAXBUF + 1);
len = recv(sockfd, buffer, MAXBUF, 0);//接收服务器端信息
if (len > 0)
   printf("接收消息成功:'%s',共%d个字节的数据/n",buffer, len);
else
   printf("消息接收失败! 错误代码是%d'/n",errno);
bzero(buffer, MAXBUF + 1);
strcpy(buffer,"这是客户端发给服务器端的消息/n");
len = send(sockfd, buffer, strlen(buffer), 0); //发送信息到服务器端
if (len < 0)//发送失败
   printf("消息发送失败!");
else
   printf("消息'%s'发送成功,共发送了%d个字节! /n",buffer, len);
close(sockfd); /* 关闭连接 */
return 0;
}
```

10.5 面向无连接 UDP 的客户端/服务器端网络通信模型

面向无连接 UDP 的客户端/服务器端网络通信模型如图 10-5 所示。

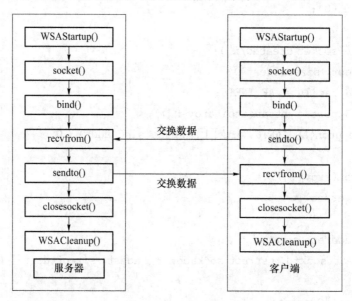

图 10-5 面向无连接 UDP 的客户端/服务器端网络通信模型

UDP 中的服务端和客户端不像 TCP 那样需要在连接状态下交换数据,它们无须经过连接过程。也就是说,不必调用 TCP 连接过程中调用的 listen 和 accept 函数。UDP 中只有创

建套接字和交换数据的过程。

10.5.1 UDP 服务器端

UDP 服务器端工作流程如下：

(1) 初始化 TCP/IP 协议库；

(2) 创建一个套接字 Socket；

(3) 套接字绑定 IP 地址和端口号；

(4) 调用函数完成数据的发送和接收；

(5) 关闭 Socket；

(6) 最后结束 TCP/IP 协议库的调用。

UDP 服务器端通信流程见如下代码：

```c
#include <stdio.h>
#include <string.h>
#include <winsock2.h>
#define LOCALPORT 8888
int main(int argc,char  * argv[])
{
int mysocket,len; //创建服务器端套接字 mysocket
int i = 0;
struct sockaddr_in6 addr; //定义 UDP 服务器端地址结构体
int addr_len;
char msg[200];
char buf[300];
if((mysocket = socket(AF_INET6,SOCK_DGRAM,0))< 0)
{//创建数据报套接字
    printf("error;");
    return(1);
}
else
{
    printf("socket created …\n");
    printf("socket id : % d \n",mysocket);
}

addr_len = sizeof(struct sockaddr_in6);
memset(&addr,0,sizeof(addr));
addr.sin6_family = AF_INET6;
addr.sin6_port = htons(LOCALPORT);
```

```
addr.sin6_addr = in6addr_any; //服务器端结构体地址初始化
if(bind(mysocket,(struct sockaddr * )&addr,sizeof(addr))< 0)
{ //套接字和套接字地址进行绑定,服务器绑定端口号
    printf("connect");
    return(1);
}
else
{
    printf("bink ok .\n");
    printf("local port: % d\n",LOCALPORT);
}
while(1) //无限处于监听状态
{
    memset(msg,0,sizeof(msg));
    len =
    recvfrom(mysocket,msg,sizeof(msg),0,(struct sockaddr * )&addr,(socklen_t * )&
addr_len);
    //接收客户端信息,客户端地址保存在 addr 中
    if(sendto(mysocket,msg,len,0, (struct sockaddr * )&addr,addr_len)< 0)
    {//向客户端发送数据报文
        printf("error");
        return(1);
    }
}
```

10.5.2 UDP 客户端

UDP 客户端工作流程如下:
(1) 初始化 TCP/IP 协议库;
(2) 创建一个套接字;
(3) 调用函数完成数据的发送和接收;
(4) 关闭套接字;
(5) 最后结束 TCP/IP 协议库的调用。
UDP 客户端通信流程见下列代码:

```
# include < stdio. h >
# include < string. h >
# include < winsock2. h >
# define REMOTEPORT 8888
# define REMOTEIP   "::1"
```

```
int main(int argc,char * argv[])
{
    int mysocket,len;                //创建客户端套接字mysocket
    struct sockaddr_in6 addr;        //客户端套接字地址
    int addr_len;                    //套接字地址长度
    char msg[200];                   //存放信息缓冲区
    if((mysocket = socket(AF_INET6,SOCK_DGRAM,0))< 0)
    {                                //创建套接字如果失败
        printf("error:");
        return(1);
    }
    else
    {
        printf("socket created …\n");
        printf("socket id : % d \n",mysocket);
    }
    addr_len = sizeof(struct sockaddr_in6);
    bzero(&addr,sizeof(addr));
    addr. sin6_family = AF_INET6;
    addr. sin6_port = htons(REMOTEPORT);
    inet_pton(AF_INET6,REMOTEIP, &addr.sin6_addr);
    //套接字地址初始化
    while(1)
    {
    memset(msg,0, sizeof(msg));
    len = read(STDIN_FILENO,msg,sizeof(msg));
    if(sendto(mysocket,msg,sizeof(msg),0,(struct sockaddr * )&addr,addr_len)< 0)
    {//向服务器端发送数据
        printf("error");
        return(1);
    }
    len = recvfrom(mysocket,msg,sizeof(msg),0,(structsockaddr * )&addr,(socklen_t * )&
addr_len);
    //从服务器端接收数据
    }
```

从代码可以看出,UDP 服务器端中没有使用 listen 函数,UDP 客户端中也没有使用 connect 函数,因为 UDP 不需要连接。

第**11**章 IPv6网络安全

11.1 概 述

11.1.1 网络安全的定义

"安全"一词在字典中被定义为"远离危险的状态或特性"和"为防范间谍活动或蓄意破坏、犯罪、攻击或逃跑而采取的措施"。

网络安全从其本质上来讲就是网络上的信息安全。它涉及的领域相当广泛。从广义上来说,凡是涉及网络上的保密性、完整性、可用性、真实性和可控性的相关技术和理论,都是网络安全所要研究的领域。

网络安全的一个通用定义是指网络系统的硬件、软件及其系统中的数据受到保护,不因偶然的原因而遭到破坏、更改或泄露,系统连续、可靠、正常地运行,服务不中断。

从用户(个人、企业等)的角度来说,他们希望涉及个人隐私或商业利益的信息在网络上传输时受到机密性、完整性和真实性的保护,避免其他人或对手利用窃听、冒充、篡改和抵赖等手段对其利益和隐私造成损害和侵犯,同时也希望当用户的信息保存在某个计算机系统上时,不受其他非法用户的非授权访问和破坏。

从网络运行和管理者的角度来说,他们希望对本地网络信息的访问、读写等操作受到保护和控制,避免出现病毒、非法存取、拒绝服务和网络资源的非法占用及非法控制等威胁,制止和防御网络"黑客"的攻击。

对安全保密部门来说,他们希望对非法的、有害的或涉及国家机密的信息进行过滤和防堵,避免其通过网络泄露对社会产生危害,给国家带来巨大的经济损失,甚至威胁到国家安全。

从社会教育和意识形态角度来讲,网络上不健康的内容会影响社会的稳定和发展,因此必须对其进行控制。

因此,网络安全在不同的环境和应用中有不同的解释。

(1) 运行系统安全,即信息处理和传输系统的安全,包括计算机系统机房环境的安全、计算机结构设计上的安全、硬件系统的安全、计算机操作系统和应用软件的安全以及数据库系统的安全等。它侧重于系统的合法操作和正常运行。

（2）网络上系统信息的安全，包括用户口令鉴别、用户存取权限控制、方式控制、安全审计、安全问题跟踪、计算机病毒防治和数据加密等。

（3）网络上信息传播的安全，包括信息过滤等。它侧重于信息的保密性、真实性和完整性，避免攻击者利用系统的安全漏洞进行窃听、冒充和诈骗等损害合法用户利益的行为。

显而易见，网络安全与其所保护的信息对象有关，其本质是在信息的安全期内保证其在网络上流动时或者静态存放时不被非授权用户非法访问，但授权用户却可以访问。网络安全、信息安全和系统安全的研究领域是相互交叉和紧密相连的。

综上所述，网络安全是指通过各种计算机、网络、密码技术和信息安全技术，保证在公有通信网络中传输、交换和存储信息的机密性、完整性和真实性，并对信息的传播及内容具有控制能力。

11.1.2　网络安全的特征

网络安全具有以下 4 个特征。

（1）保密性

保密性指信息不泄露给非授权用户、实体、过程或供其利用的特性。

（2）完整性

完整性指数据未经授权不能进行改变的特性，即信息在存储或传输过程中保持不被修改、不被破坏和丢失的特性。

（3）可用性

可用性指可被授权实体访问并按需求使用的特性，即当需要时应能存取所需的信息。网络环境下拒绝服务、破坏网络和有关系统的正常运行等都属于对可用性的攻击。

（4）可控性

可控性指对信息的传播及内容具有控制能力。

11.2　网络安全的主要威胁因素

计算机网络的发展使信息的共享应用日益广泛。但是信息在公共通信网络上的存储、共享和传输可能面临一些威胁，包括被非法窃听、截取、篡改或毁坏等，这些威胁可能给网络用户带来不可估量的损失，使其丧失对网络的信心，尤其是对银行、政府部门或军事部门而言，信息在公共通信网络中的存储与传输过程中的数据安全问题更是备受关注。

威胁是指任何可能对网络造成潜在破坏的人、对象或事件。它有可能是故意造成的，也有可能是无意造成的；可能来自企业外部，也有可能是内部人员造成的；可能是人为造成的，也有可能是自然力造成的。总结起来，大致有以下几种威胁。

（1）非人为的、自然力造成的数据丢失、设备失效、线路阻断。

（2）人为的，但因操作人员无意的失误而造成的数据丢失。

（3）来自外部和内部人员的恶意攻击和入侵。

前两种威胁的预防应该主要从系统硬件设施（包括物理环境、系统配置、系统维护等）以及人员培训、安全教育等方面入手。第三种威胁则是当前网络所面临的最大的威胁，是电子商务、电子政务顺利发展最大的障碍，也是目前网络安全最迫切需要解决的问题。导致这种威胁的主要因素一般包括所使用网络协议存在的某些安全问题、黑客主动发起的攻击等。

11.2.1　协议安全问题

网络协议是指计算机通信的共同语言,是通信双方约定好的彼此遵循的一定的规则。以 TCP/IP 协议为例,它是目前互联网使用最广泛的一种协议,其由于简单、可扩展、尽力而为的设计原则,给用户带来了非常方便的互联环境,但是它也存在着一系列的安全缺陷。

1. 路由协议缺陷

因特网的主要节点设备是路由器,路由器通过路由决定数据的转发。转发策略称为路由选择,这也是路由器名称的由来。决定转发的办法可以是人为指定的,但人为指定工作量大,而且不能采取灵活的策略,于是动态路由协议应运而生,该协议通过传播、分析、计算、挑选路由实现路由发现、路由选择、路由切换和负载均衡等功能。现在大量使用的路由协议有路由信息协议(Routing Information Protocol,RIP)、开放式最短路径优先协议(Open Shortest-Path First,OSPF)和边界网关协议(Border Gateway Protocol,BGP)。在这些与路由相关的协议中,也存在着许多问题。

(1) 源路由选项的使用

IP 包头中有一个源路由选项,用于该 IP 包的路由选择,一个 IP 包可按照预先指定的路由到达目的主机,如果目的主机使用该源路由的逆向路由与源主机通信,就给入侵者创造了良机,当一个入侵者预先知道某一主机有信任主机时,即可利用源路由选项伪装成信任主机,从而攻击系统。

(2) RIP 的攻击

RIP 是自治域内的一种路由协议,一个自治域的经典定义是指在一个管理机构控制之下的一组路由器。这一协议主要用于内部交换路由信息,使用的算法是距离矢量算法。该协议要求每个路由器都要向邻接路由器广播其所有的路由器信息。而收到的主机并不检验这一信息,一个入侵者可能向目标主机以及沿途的各网关发出伪造的路由信息,入侵者可以冒充一条路由,使所有发往目的主机的数据包发往入侵者。这样一来,入侵者就可以冒充目的主机,也可以监听所有目的主机的数据包,甚至在数据流中插入任意包。

(3) OSPF 的攻击

OSPF 是自治域内的另一种路由协议,使用的算法是状态连接算法。该算法中每个路由器向相邻路由器发送的信息都是一个完整的路由状态,包括可到达的路由器、连接类型和其他信息。与 RIP 相比,OSPF 中已经实施认证过程,但是也存在着一些安全问题。LSA 是 OSPF 路由器之间要交换的信息,其中的 LS 序列号为 32 位,用于指示该 LSA 的更新程度,是一个有符号整数,大小介于 0x80000001 和 0x7fffffff 之间。LSA 序列号越大,说明该 LSA 越新。一个攻击者在收到最新的 LSA 之后,修改该 LSA 内容并将序列号设置为最大值,重新计算该 LSA 的校验和,然后发送给邻居路由器。邻居路由器在收到最新的 LSA 之后更新自己的路由表并继续将该 LSA 发送给周边的路由器,直到该最新 LSA 的原始创建者发现内容不对并重新发送最新的 LSA。上述攻击行为会造成网络不稳定。攻击者还可以把序列号改成最大值,当该 LSA 到达创建者时,它就会被重新创建、再传播,但这又会造成网络不稳定。

(4) BGP 缺陷

BGP 是一种在自治域之间动态交换路由信息的路由协议,它使用 IGP 和普通度量值向其他自治域转发报文。由于 BGP 使用了 TCP 的传输方式,所以它也存在着许多 TCP 方面的问题,如很普遍的 IP Spoof、窃听、SYN 攻击等漏洞。BGP 路由器之间的路由信息交换没有采用验证机制,如果攻击者将经过篡改之后的路由更新消息发送给其他自治系统,将导致网络无法正常通信。由于全球大部分互联网都依靠 BGP 协议,因此必须很严肃地对待这些安全问题。

2. 数据传输过程未加密

TCP/IP 的设计原则简单,唯一的功能就是负责互连,尽可能把复杂的工作交给上层协议或终端去处理,所以在设计 TCP/IP 时,设计者没有考虑传输过程中的数据加密问题。如果在网上传输的数据没有经过终端或上层协议处理,那么都将以明文形式传送。

在共享式以太网的网络结构中,数据包以广播的方式传送,这个广播是非验证的,同网段的每个计算机都可以收到它,目标接收者响应这个广播,而其他接收者就忽略这个广播。然而攻击者可以将自己计算机的以太网卡设置成工作在混杂模式下,此时所有以太网上的数据包都将被网卡捕获并处理,这样攻击者就可以监听某台计算机所有的网络活动。网络嗅探器就是一个在以太网上进行监听的专用软件。

网络监听对网络安全的威胁相当大,攻击者可以从中得到许多有用的信息,包括密码、个人敏感信息、商业机密等。虽然攻击者有时监听不到数据内容,但可以看到被监听的主机开通了哪些服务以及哪些主机在进行通信,从而据此分析主机之间的信任关系。

3. 应用层协议问题

（1）Finger 的信息暴露问题

Finger 服务没有任何认证机制,任何人都可利用 Finger 来获得目的主机的有关信息。它所提供的信息包括用户名、用户来自何处等,这些信息可以用于口令猜测攻击以及冒充信任主机攻击,具有很大的潜在危险。

（2）FTP 的信息暴露问题

FTP 用户的口令一般与系统登录口令相同,而且采用明文传输,这就增加了一个系统被攻破的危险。只要在局域网内或路由器上进行监听,就可以获得大量口令,利用这些口令可以尝试登录系统。此外,一些匿名 FTP 提供了另一条攻击途径,攻击者可以上传一个带有恶意代码的软件,当另一个主机上的用户下载并安装此软件时,后门即可建立。同时匿名 FTP 也无记录,这使得攻击行为更加隐蔽。

（3）Telnet 安全问题

Telnet 的安全隐患类似于 FTP,只不过更加严重。由于 Telnet 是用明文传送的,因此不光是用户口令,用户的所有操作及远程服务器的应答都是透明的,这样 Telnet 被监听产生的影响就更加严重。Telnet 的另一个问题是,它有可能被入侵者加入任意可能的数据包。

（4）DNS 安全问题

DNS(Domain Name System)提供了解析域名等多种服务,存在着多种安全隐患。例如,对于 R 类服务,当入侵者发起连接时,目的主机首先检查信任主机名或地址列表。如果这其中有一项为域名,则目的主机将可能请求 DNS 服务器解析域名。假设入侵者在此时假装成 DNS 服务器并给出一个回答,则可以使目的主机认为入侵者就是信任主机。

11.2.2 黑客攻击

在人们眼中,黑客是一群聪明绝顶、精力旺盛的年轻人,他们一门心思地破译各种密码,以便偷偷地打入政府、企业或他人的计算机系统内部,窥视隐私,那么,什么是黑客呢?

黑客(Hacker)源于英语动词"hack",意为劈、砍,引申为"干了一件非常漂亮的工作"。黑客通常具有硬件和软件方面的高级知识,并有能力通过创新的方法剖析系统。黑客能使更多的网络趋于完善和安全,他们以保护网络为目的,通过不正当侵入手段找出网络漏洞。

现在来了解一下黑客们常用的一些攻击手段。

1. 获取口令

获取口令有如下 4 种方法。

(1)通过网络监听非法得到用户口令。这种方法有一定的局限性,只有在共享式局域网中才较容易实现,同时这种方法危害性极大,监听者往往能够获得其所在网段所有用户的账号和口令,对局域网安全威胁巨大。

(2)在知道用户的账号(如电子邮件@前面的部分)后,利用一些专门软件猜测用户口令。这种方法不受网段限制,但黑客要有足够的耐心和时间。

(3)获得用户口令文件(如 UNIX 系统中的 Shadow 文件)后,破译口令文件。该方法的使用前提是黑客成功获得口令文件。此方法在所有方法中危害最大,因为它不需要像第二种方法那样一遍又一遍地尝试登录服务器,只需要在本地将加密后的口令与口令文件中的口令相比较就能非常容易地破获用户密码,尤其对那些弱口令用户(指口令安全系数极低的用户)的口令,黑客在短短的一两分钟甚至几十秒内就可以将其破解。

(4)利用操作系统提供的默认账户和密码。导致这种攻击行为的主要原因是用户没有留心或者管理上存在缺陷,从而造成没有及时关闭系统默认账户的情况。

2. 放置特洛伊木马

特洛伊木马程序可以直接侵入用户的电脑并进行破坏,它常被伪装成工具程序或者游戏诱骗用户打开。传播特洛伊木马更常规的方法是攻击者向用户发送带有特洛伊木马程序附件的邮件,或者是将特洛伊木马程序伪装成正常程序放在网络上供用户下载安装。一旦用户打开了这些邮件的附件或者执行了这些程序,它们就会像占特洛伊人在敌人城外留下的藏满士兵的木马一样留在用户的电脑中,并在计算机系统中隐藏一个可以在系统启动时悄悄执行的程序。当受害者连接到因特网上时,这个程序就会通知黑客,并报告受害者的 IP 地址以及预先设定的端口。黑客在收到这些信息后,利用潜伏在受害者系统中的程序,就可以任意地进行修改受害者计算机的参数、复制文件、窥视硬盘内容、提升权限等操作,从而达到控制目标计算机的目的。

3. Web 欺骗技术

用户可以利用 IE 等浏览器在网上进行各种各样的 Web 站点的访问,如阅读新闻、咨询产品价格、订阅报纸等。然而一般的用户恐怕不会想到这些问题:正在访问的网页已经被黑客篡改过;网页上的信息是虚假的。例如,黑客将用户要浏览的网页重定向到自己的服务器,当用户浏览目标网页时,实际上是在向黑客服务器发出请求,那么黑客就可以达到欺骗的目的。

4. 电子邮件攻击

电子邮件攻击主要表现为两种方式。

(1)电子邮件轰炸。这种方式也就是通常所说的邮件炸弹,指的是用伪造的 IP 地址和电子邮件地址向同一信箱发送数以千计、万计甚至无穷多次内容相同的垃圾邮件,致使受害人邮箱被"炸",严重时可能会给电子邮件服务器带来威胁,甚至使其瘫痪。

(2)电子邮件欺骗。攻击者佯称自己为系统管理员(邮件地址和系统管理员的邮件地址完全相同),向用户发送邮件要求其修改口令(口令可能为指定字符串)或在貌似正常的附件中加载病毒或其他木马程序。只要用户提高警惕,这类欺骗带来的危害一般不是太大。

5. 间接攻击

间接攻击是指通过一个节点来攻击其他节点。黑客在突破一台主机后,往往以此主机为根据地,攻击其他主机(为了隐蔽其入侵路径,避免留下蛛丝马迹)。黑客们可以使用网络监听的方法尝试攻破同一网络内的其他主机,也可以通过 IP 欺骗或者主机信任关系攻击其他主机。这类攻击很"狡猾",破解难度较大。

6. 网络监听

网络监听是主机的一种工作模式,在这种模式下,主机可以接收本网段在同一条物理通道上传输的所有信息,而不管这些信息的发送方和接受方是谁。此时,如果两台主机进行通信的信息没有加密,那么只要使用某些网络监听工具(如 Wireshark、Sniffer Pro 等)就可以轻而易举地截取包括口令和账号在内的信息。虽然网络监听获得的用户账号和口令具有一定的局限性,但监听者往往能够获得其所在网段所有用户的账号及口令。

7. 寻找系统漏洞

许多系统都有这样那样的安全漏洞(Bugs),其中某些是操作系统或应用软件本身具有的,如 Sendmail 漏洞、Windows IIS 漏洞和 IE 漏洞等,在这些漏洞的补丁未被开发出来之前一般用户很难防御黑客的破坏,除非用户将网线拔掉;还有一些漏洞是由于系统管理员配置错误引起的,如在网络文件系统中,将目录和文件以可写的方式共享,将用户密码文件以明码方式存放在某一目录下,这都会给黑客以可乘之机。

8. 缓冲区溢出

黑客通过编写一段特定的程序向缓冲区写入超过其长度的内容,造成缓冲区溢出,从而破坏程序堆栈,扰乱程序原有的执行顺序,使程序转而执行其他指令,最终非法获取某些权限或达到其他的攻击目的。据统计,通过缓冲区溢出进行的攻击总数占所有系统攻击总数的 80% 以上。

11.3　IPv6 和 IPv4 的安全异同

11.3.1　IPv6 与 IPv4 的共有安全问题

IPv6 和 IPv4 的差别主要体现在网络层协议,在网络层之上和之下的协议层基本上没有变化,所以在这些层次上的安全问题多数不会改变。此外,虽然 IPv4 和 IPv6 在协议格式上存在差异,但网络层需要完成的功能基本相同。相对于 IPv4 来说,在互联网采用 IPv6 之后,原理和特征基本未发生变化的安全问题可以划分为 3 类。

1. 网络层以上和网络层以下的安全问题

网络层以上的安全问题主要是各种针对应用层的攻击,由于 IPv6 协议是网络层协议,在替代 IPv4 后,它为上层提供的服务没有改变,因此,对应用层攻击的特征和原理基本没有发生变化。同时,网络层以下的链路层协议也没有发生变化,因此,此前针对 IPv4 数据链路层的攻击在 IPv6 中也基本上没有发生变化。所以,从物理层、数据链路层、传输层以及应用层的安全角度来讲,在网络协议切换到 IPv6 之后,对这些协议层的攻击依然存在,因此,IPv4 的网络安全措施同样适用于 IPv6。

2. 与网络层数据保密性和完整性相关的安全问题

与网络层数据保密性和完整性相关的安全问题主要是窃听攻击和中间人攻击。由于这类攻击主要通过截获 IP 数据报来获取相关敏感信息,破坏数据的保密性和完整性,与具体采用什么样的网络层协议无关,因此,采用不同版本的 IP 协议,其攻击原理没有发生变化。

窃听攻击是在网络中利用某种手段非法窥探其他用户间的信息流进而获得其密码和资料的攻击。攻击者通常采用网络嗅探的方法进行网络窃听,获取用户敏感数据(如账号和口令等)。

中间人攻击是一种"间接"的网络安全攻击,这种攻击模式通过各种技术手段将受攻击者控制的一台计算机虚拟地放置在两台通信计算机之间,这台受攻击者控制的计算机就称为"中间人"。"中间人"能够与这两台通信计算机建立活动连接并从中读取或修改传递的信息,然而这两个通信中的计算机用户却认为他们是在直接互相通信。中间人可以拦截数据、修改数据并发送修改后的数据。典型的中间人攻击有会话劫持、DNS 欺骗、恶意代理服务器等。当前中间人攻击已成为对网上银行、网游、网上交易等最有威胁并且最具破坏性的一种攻击方式。

采用 IPSec 协议后,攻击者对数据报文进行窃听和实施中间人攻击将变得更加困难,主要原因是 IPSec 协议在网络层向数据分组提供加密和认证等安全服务,这使得攻击者无法对所截获的数据报进行解密,从而也就无法获取有效信息。但是,由于互联网工程组目前还没有解决 IPSec 中涉及的大规模密钥分配问题和管理中存在的问题,无法大规模部署 IPsec,因此,在 IPv6 网络中仍然存在窃听、中间人攻击等安全问题。

3. 与网络可用性相关的安全问题

与网络可用性相关的安全问题主要是指洪泛攻击,这种攻击造成用户无法正常访问网络资源,如常见的 TCP SYN 洪泛攻击。这种攻击利用了 TCP 的三次握手机制,攻击者向被攻击主机的 TCP 服务器端口发送大量的 TCP SYN 分组。如果该端口正在监听连接请求,那么被攻击主机将通过发送 SYN-ACK 分组对每个 TCP SYN 分组进行应答。由于攻击者发送的分组的源地址通常是随机产生的,所以不可能建立真正的 TCP 连接。服务器端一般会重试并等待一段时间后丢弃这个未完成的连接,这样,服务器端将会维护一个非常大的半连接列表。大量服务器资源的消耗,导致服务器无暇理睬其他正常客户的请求,这就是典型的拒绝服务攻击。

上述几种攻击形式在 IPv4 互联网中已经存在,在下一代 IPv6 互联网中还会继续出现。

11.3.2　IPv6 与 IPv4 的安全差异

和 IPv4 相比,IPv6 具有以下特点:地址空间巨大;地址结构层次化;网络层的认证与加密;对移动通信的支持性强。上述特点使得 IPv6 的安全性比 IPv4 有所提高,但同时也带来了一些新的安全问题。随着 IPv6 协议的引入,许多网络安全问题的原理和特征发生了显著变化,主要体现在扫描、分片攻击、泛洪攻击、源地址伪造攻击、路由攻击等方面。

11.4　IPv6 网络安全问题

与 IPv4 网络安全问题相比,在 IPv6 网络中,原理和特征发生明显变化的安全问题主要包括以下几个方面。

11.4.1　扫描

扫描是一种基本的网络攻击方式,也是很多其他网络攻击方式的初始步骤。扫描的过程包括端口扫描、信息搜集、漏洞发现和攻击实施等。扫描技术主要有 TCP Connect、TCP SYN 等。网络攻击者试图通过扫描获得被攻击网络主机的地址、服务、应用等方面的信息。

IPv4 相对较小的地址空间为网络攻击前期的拓扑检测、主机扫描及攻击对象分析提供了便利,但在 IPv6 环境下进行扫描将非常困难,主要原因是 IPv6 的一个子网空间比整个 IPv4 地址空间都大。IPv6 的 128 比特地址分为 64 比特网络号和 64 比特主机号,每个网络可以容纳的主机数目是 2^{64},而 IPv4 所有地址空间的数目仅为 2^{32}。因此,在 IPv6 中对目标网络中的所有主机进行扫描非常困难。但是攻击者可以根据 IPv6 协议的特点,通过运用一些特殊策略简化和加快网络扫描,主要的策略如下。

(1) 通过 DNS 服务器提供的域名查询服务,攻击者可以快速发现目标主机的 IPv6 地址。

(2) 由于 IPv6 地址难以记忆,网络管理员可能会给服务器配置一些比较特殊的 IPv6 地址,攻击者可以通过猜测这些简单的 IP 地址实施扫描。

(3) 由于 IPv6 采用地址自动配置机制,主机的 IP 地址由网络前缀和扩展的 MAC 地址构成,攻击者可以利用厂商的网卡地址范围缩小扫描空间。

(4) 恶意攻击者可以通过攻破并读取 DNS 服务器或路由器来获得相关主机的 IP 地址信息。

(5) 利用 IPv6 协议规定的特殊组播地址,如所有路由器(FF05::2)、所有 DHCP 服务器(FF05::1:3)等实现扫描。

针对上述给网络带来安全威胁的扫描策略,IPv6 专门引入了主机地址随机生成机制,以随机方式生成 IP 地址中的主机地址,并将其和网络前缀组合成一个随机 IPv6 地址供主机临时使用。这种方式可以有效地防止主机身份泄露以及抵制小范围地址空间扫描的尝试,但会给现有的网络安全管理机制带来一系列新的负面影响。

11.4.2　RH0 攻击

IPv4 定义了严格源路由和自由源路由两种类型。在严格源路由中,数据报只能按照设定的路径经过每个中间节点,且仅有一次;而在自由源路由中,数据报可能需要一次或多次经过每个中间节点。IPv6 源节点可以使用路由首部来规定一个数据报的传输路径。路由首部中包含一个具有多个中间节点的列表,这些中间节点是数据报文在通往最终目的节点的路径上所要经过的。

IPv6 的路由首部主要分成两种类型:一种是类型 0;另一种是类型 2。类型 0 路由首部类似于 IPv4 中的自由源路由,用于指定数据报在发往目的地址的传输路径中需要强制经过哪些中间节点。类型 2 路由首部主要用于移动互联网环境。其中,类型 0 路由首部,即 RH0(Routing Header 0)存在很大的安全漏洞。

RH0 容易遭受流量放大攻击,而导致这种攻击的漏洞来自 RFC 标准定义的模糊性。根据 RFC 标准定义,主机或者中间节点都应具有处理路由首部的能力。因此,任何一个可以正常工作的主机都可以封装一个或多个源路由首部,一个具有 1 280 字节的 IPv6 数据报可以有多达 77 个类型 0 路由首部,而且随着数据报长度的增加,这个数目也会增加。

RH0 提供了一种流量放大机制,攻击者可利用其进行拒绝服务攻击。恶意攻击者可以通过构建包含特定路由首部的 IPv6 数据报,使得数据报在固定的两个 IPv6 路由设备间循环传输,这会严重降低设备处理能力以及消耗这两个设备之间的网络带宽,从而使这两个设备间无法进行正常的网络传输。

RH0 的放大攻击过程如图 11-1 所示。一个数据报由节点 A 发出,其路由首部中包含了重复的地址对 A-B。如果该地址对重复三次,即 A-B-A-B-A-B,那么这个数据报在 A 到 B 的路径上就走了 3 次,在 B 到 A 的路径上走了 2 次,在 A 和 B 之间一共走了 5 次。如果该数据报以每秒 1Mb 的速度发送,那么 A 和 B 之间的路径上就会产生 5Mb 的流量。如果该数据报的路由首部有 100 个地址对,那么可以同样的发送速度在 A 和 B 之间的路径上产生 199Mb 的流量。这样虽然对进出节点 A 和 B 的流量没有任何影响,却增加了 A 和 B 之间链路上的负载,同时也会导致节点 A 和 B 的协议栈因过载而崩溃。

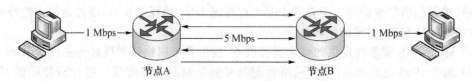

图 11-1　RH0 的放大攻击过程

为防止因使用 RH0 而受到攻击,应当尽快更新安全设备并将其升级至最新的 IPv6 协议版本,同时丢弃所有的 RH0 数据报。

11.4.3　分片攻击

为了提高互联网的性能以及数据传输的可靠性,所有比较大的数据报都会先被分片再进行传输。分片就是把大的数据报切成小的数据报,可能使系统遭受分片攻击。

分片攻击主要有两个目的。

一是通过分片来逃避网络安全设备(如网络入侵检测系统或状态防火墙)的检测。分片攻击通过精心构造,将攻击行为分别隐含在每一个分片中。而当这些被恶意分散到每一个分片中的攻击到达主机终端的时候,会被重新组装起来。这样这些被分片的攻击代码就会被重新组装成一个完整的攻击代码,从而对目标主机实施攻击。

二是通过分片操作来实施拒绝服务攻击。例如,攻击者可以采用迫使主机等待分片的方式来构造分布式拒绝服务攻击。在 IPv4 环境下处理分片比较容易,因为 IPv4 首部有明显的标志,只要查看位偏移值是否等于 0 即可。IPv6 比较特殊,它规定只能由数据报的发送主机来进行分片,同时只有数据接收端才能进行数据报文的重组操作,而中间网络设备是不参与分片和重组的。分片的标志不在 IPv6 的基本首部,而在 IPv6 的分片扩展首部。为此,攻击者可以通过发送大量的分片 IPv6 数据报,使得被攻击主机在分片扩展首部的处理与分片数据报的重组上消耗大量资源和时间,从而实施拒绝服务攻击。

IPv6 在 RFC8200 中声明禁止重组重叠的分片,且限制数据报的最小 MTU 为 1 280 字节。因此,目的主机在处理分片时将丢弃小于 1 280 字节的其他分片,最后一个分片数据报除外,这能在一定程度上缓解 IPv6 的分片攻击。

11.4.4　泛洪攻击

常见的泛洪攻击主要发生在链路层、网络层、传输层以及应用层之上。

链路层的泛洪攻击主要是 MAC 泛洪攻击。攻击者进入局域网内,将假冒的源 MAC 地址和目的 MAC 地址发送到网络上,填满网络交换机内存空间,导致交换机失去转发功能。

网络层泛洪攻击包括 Smurf 和 DDos 泛洪攻击。虽然 IPv6 不再使用广播通信,但是极度依赖组播技术。攻击者利用组播技术在网络层中实现流量放大攻击,能够在网络上向链路中的所有节点的组播地址(FF02::1)和链路中的所有路由器的组播地址(FF02::2)发送大量的组播包,从而导致网络遭受拒绝服务攻击。

TCP SYN 泛洪攻击发生在传输层。这种攻击方式主要利用 TCP 协议的三次握手存在的协议漏洞。攻击者发送一个伪造源地址的 TCP SYN 连接报文,服务器在收到该连接报文之后会回应一个确认报文。由于连接报文的源地址是伪造的,攻击者主机不会对服务器回应报文再次进行确认。由于服务器没有收到攻击者主机的确认报文,所以它会一直处于等待确认状态,并且一直维持这种半连接状态,直到超时才会撤销这个连接。这些大量的 TCP 连接会因为长时间处于挂起状态而消耗服务器大量的 CPU 和内存资源,最后导致服务器无法为正常用户提供服务。

应用程序泛洪攻击主要发生在应用层。比较常见的应用程序泛洪攻击就是垃圾邮件,但这种攻击一般不会产生严重的后果。其他类型的应用程序泛洪攻击包括在被攻击的服务器上运行高 CPU 消耗的应用程序或者客户端向服务器发出海量的认证服务等。

11.4.5 无状态地址自动配置攻击

在无状态地址自动配置机制中,路由器也会周期性地组播路由器通告报文。正常的路由器通告机制如图 11-2 所示。由图可知,IP 地址为 2001:db8::4 的路由器通过发送 RA 报文向其所在的网络主机通告其所在网络地址前缀、路由器 IP 地址和 MAC 地址。

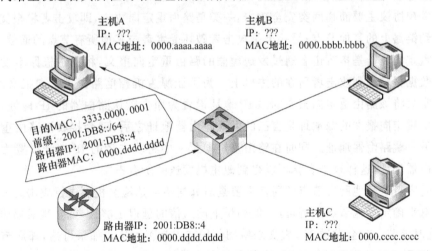

图 11-2 正常的路由器通告机制

因为无状态地址自动配置内部没有认证机制,所以恶意主机可发送伪造的 RA 数据报,并将自己伪装为默认路由器。在这台恶意主机将虚假的默认路由器地址注入所有其他节点的路由表之后,在后续的网络通信中,网络中的所有其他节点就会将发往其他网络的数据报直接发送到该恶意主机。通过该恶意主机,攻击者既可以窃听网络上所有数据报的敏感信息,也可以简单地丢弃所有数据报,发起拒绝服务攻击。如图 11-3 所示,攻击主机发送一个伪造的 RA 数据报,并告诉网络中的其他主机,本地默认路由器的 IP 地址为 2001:6666::4,MAC 地址为

0000.eeee.eeee。但上述地址在网络中根本不存在,这样其他主机发往外网的所有数据报都会掉人一个黑洞,从而导致这些主机无法与外网正常通信。

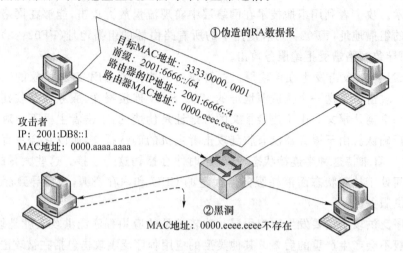

①伪造的RA数据报

目标MAC地址: 3333.0000.0001
前缀: 2001:6666::/64
路由器的IP地址: 2001:6666::4
路由器MAC地址: 0000.eeee.eeee

攻击者
IP: 2001:DB8::1
MAC地址: 0000.aaaa.aaaa

②黑洞
MAC地址: 0000.eeee.eeee不存在

图 11-3 导致拒绝服务的伪造 RA 数据报

11.4.6 邻居发现协议面临的攻击

邻居发现协议是 IPv6 中的一个关键协议,它组合了 IPv4 中的 ARP、ICMP 路由器发现和 ICMP 重定向等协议,并对它们做了改进。作为 IPv6 的基础性协议,NDP 提供了路由重定向、邻居不可达检测、重复地址检测等功能。

邻居发现协议主要面临两类安全攻击:一类是路由重定向攻击,即攻击者将报文从目的节点重定向到链路上的其他节点;另一类是攻击者破坏受害者与其他所有节点的通信。

路由重定向攻击是指攻击者通过发送虚假的路由重定向报文,将源主机原本发送到默认路由器的数据报转发到攻击者所在的主机上。为了让源主机相信路由重定向报文的真实性,攻击者通常会将该路由重定向报文的源 IP 地址设置为原先默认路由器的 IP 地址,源主机在确认该路由重定向报文的源地址是自己的默认路由器地址之后,就会接收该路由重定向报文所规定的下一跳路由器地址。同时在路由重定向报文中将攻击者的 IP 地址设置为源主机的下一跳路由器地址,这样攻击者就可以得到源主机发送的所有报文。

破坏受害者与其他所有节点的通信主要是对邻居不可达检测机制进行攻击。节点通常依赖上层信息来确定其他节点是否可达,但如果上层通信的延迟足够长,就会激活邻居不可达检测机制,这时该节点就会发送 NS 报文来检测邻居节点是否可达。如果可达,邻居节点会回应 RA 报文;否则经过几次重试失败后,该节点就会删除邻居节点对应的邻居缓存记录。攻击者可以通过持续发送虚假邻居通告来响应邻居不可达检测的邻居请求,而实际上邻居节点并没有在线,但发送主机仍然会不断向邻居节点发送数据报文,进而使得受攻击者与邻居节点之间进行无效的通信。

综合上面的分析可以看到,邻居发现协议功能丰富但是面临重定向和破坏正常通信两个类别的安全攻击,存在一定的安全隐患。目前 IETF 已经通过安全邻居发现协议弥补了邻居发现协议的缺陷。

11.4.7　重复地址检测拒绝服务攻击

为了防止使用重复的 IPv6 地址,主机必须检查它的 IPv6 地址是否已经被另一个节点使用。因此,在使用任何 IPv6 地址之前,都必须执行重复地址检测(Duplicate Address Detect,DAD)。当一台主机启动或其 IPv6 地址发生变化时,它必须发送一条邻居请求报文,以检测当前配置的 IPv6 地址是否可用,如图 11-4 所示。主机 A 发送一个邻居请求报文,目标地址为主机 A 配置的地址。如果该邻居请求报文没有得到应答,则主机 A 可以使用当前配置的地址;否则表明另一台主机正在使用它的地址,当前配置的地址不可用。

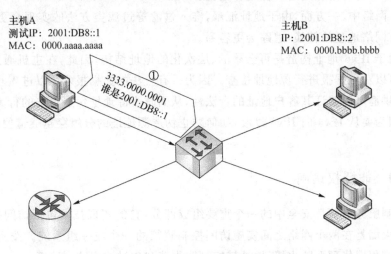

图 11-4　正常情况下的重复地址检测

当一台主机检测到自己配置的地址是一个重复地址时,它就会放弃当前配置的地址,之后再自动生成一个新的 IP 地址。但 DAD 检测机制没有对邻居通告报文进行认证,如果攻击者回应所有的 DAD 检测报文,则导致该主机无法配置 IP 地址。图 11-5 为一种基于重复地址检测的拒绝服务攻击,攻击者主机 C 将 NA 数据报文发送给主机 A,声称其配置地址为 2001:db8::1。这样,主机 A 自动配置的 IP 地址就不能再使用,需要重新配置。

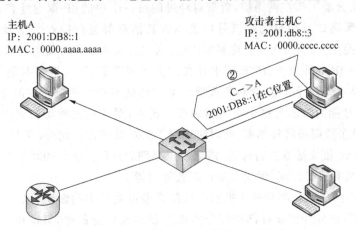

图 11-5　一种基于重复地址检测的拒绝服务攻击

11.4.8 源地址伪造攻击

在 IPv4 网络中,源地址伪造攻击非常普遍,如 SYN Flooding、UDP Flood、Smurf 等。对于这类攻击的防范主要有两类方法:一类是基于事前预防的过滤类方法,其代表为准入过滤等方法;另一类是基于事后追查的回溯类方法,其代表有 ICMP 回溯和分组标记等方法。这些方法都存在部署困难的缺陷。由于网络地址转换的存在,攻击发生后的追踪尤其困难。上述两种方法都没有对源地址的合法性进行检测。

在 IPv6 网络中,一方面,由于地址汇聚,准入过滤等过滤类方法的实现会更简单;另一方面,由于少有网络地址的转换,追踪会更容易。

此外,由于 IPv6 地址构造是可会聚的、层次化的地址结构,因此,在主机通过路由器转发数据报时,可以对数据报进行源地址检查。因为只有合法的数据报才可以进入互联网,所以互联网服务提供商可以验证其客户地址的合法性,从而减少源地址伪造攻击的行为。

然而,因为要从 IPv4 向 IPv6 过渡,如何防止伪造源地址的分组穿越隧道便成了一个重要的安全问题。

11.4.9 非授权访问

访问控制服务是信息安全中的一个重要组成部分,它的实现技术包括访问控制列表和防火墙等。防火墙是在两个网络之间实施访问控制政策的一个或一组系统。按主要技术划分,防火墙包括应用层代理型防火墙、地址转换型防火墙和包过滤型防火墙等。

应用层代理型防火墙工作在应用层,受 IPv6 的影响比较小,其余两种防火墙都会受到比较大的影响。

地址转换型防火墙主要通过地址转换技术,使外网的机器看不到被保护主机的 IP 地址,从而使防火墙内部的机器免受攻击,但是由于地址转换型防火墙的存在,通信主机之间很难实现端到端的 IPSec 通信。

包过滤型防火墙工作在网络层,负责对经过的每一个包的 IP 源地址和目的地址、协议类型、TCP/UDP 源端口号和目的端口号以及 ICMP 消息等进行检查。在 IPv4 中,IP 首部和 TCP 首部是紧接在一起的,而且长度基本固定,所以防火墙很容易找到首部,并使用相应的过滤规则。然而在 IPv6 环境下,IP 首部中存在许多扩展首部,防火墙只有逐个查找,直到找到 TCP/UDP 首部才能进行过滤,这对防火墙的处理性能有很大影响。在网络负载很高的情况下,防火墙的处理能力将成为整个网络的瓶颈。再者,对于包过滤型防火墙,如果使用 IPSec 的 ESP 机制,整个数据报将被加密,此时防火墙无法对其解密。此外,在 IPv6 中,包过滤防火墙不能对 ICMPv6 报文随意进行过滤,需要制定合理的处理方法。相对于 IPv4 的 ICMP 协议来说,ICMPv6 具有邻居发现、无状态地址配置等功能。

IPv6 协议中的扩展首部和分片机制会对防火墙造成较大的影响,原因如下:IPv6 协议规定某些扩展首部(如分片扩展首部和部分类型的目的选项首部等)只能由目的主机查看并处理,源节点和目的节点之间的路由节点均不需要查看这些扩展数据,中间节点对这些扩展首部的处理和解释是没有定义的。但是,分片扩展首部技术引起了广泛的争议,因为它有可能与潜在的安全需求相矛盾。例如,在 IPv6 网络中,由于多个 IPv6 扩展首部的存在,防火墙很难计算有效数据报的最小尺寸,同时还存在传输层协议首部不在第一个分片分组内的可能,此时如果不对分片进行分组,防火墙、IDS等中间节点就无法实施基于端口信息的访问控制策略。但是如果对这些分片进行重组,防火墙的性能又将受到很大的影响。目前,这些安全问题在IPv6协议中依然没有很好的解决方案。

11.4.10 路由攻击

路由攻击可能破坏或重定向网络中的流量。路由攻击有多种手段,如快速宣告和撤销路由、发布虚假路由信息等。在IPv6中有些路由协议的安全机制仍然保持不变。例如,BGP4+仍然依赖于TCP MD5认证机制,它要求在IPv6中全面部署IPSec,但在IPv6网络的初期,密钥管理和PKI的建设问题没有得到很好的解决,从而路由器更容易受到攻击。

路由攻击主要包括以下两种类型。

(1) BGP应用层攻击,也称为路由伪造攻击,包含伪造网络前缀、伪造AS-PATH、未分配路由注入、抖动攻击和强度攻击等。

(2) TCP层的连接劫持攻击。

11.5 IPv6网络安全的优化

11.5.1 IPv6协议设计的安全考虑

从整体上看,IPv4协议的设计没有考虑任何的安全问题,包括没有对数据报进行加密和对源IP地址进行身份绑定等,因此,当出现网络攻击与安全威胁时,我们只能围绕攻击事件做好事前准备、事中阻断和事后分析。由于缺乏有效的技术手段,无法对攻击者形成真正的打击和管控,为此,IPv6协议在设计上引入了一些安全考虑。

IPv6协议在设计上的安全考虑主要体现在以下几个方面。

(1) 采用IPSec安全机制

虽然IPv4和IPv6目前都支持IPsec安全机制,但是在安全性方面,IPv6与IPSec机制的联系更加紧密。IPv6将安全作为自身标准的有机组成部分,将安全部署在协调统一的层次上,而不像IPv4那样通过叠加的解决方案来实现安全。IPv6中的IPsec通过认证首部和安全负载首部分别为IP层数据报文提供数据完整性和加密服务,可以"无缝"地为IP提供安全特性。认证首部用于保证数据的完整性,而封装的安全负载首部用于保证数据的保密性和完整性。在IPv6数据报文中,认证首部和安全负载首部都是扩展首部,可以同时使用,也可以单独使用。新版路由协议OSPFv3和RIPng采用IPSec对路由信息进行加密和认证,以提高抗路由攻击的性能。

(2) 保证端到端的安全

IPv6最大的优势在于保证了端到端的安全,满足了用户对端到端安全和移动性的要求。IPv6限制使用NAT,允许所有网络节点使用其全球唯一的地址进行通信。每建立一个IPv6的连接,便可以在两端主机上对数据报进行IPSec封装。中间路由器对有IPSec扩展头部的IPv6数据报进行透明传输,通过对通信端进行验证和对数据进行加密保护,使得敏感数据可以在 IPv6 网络上安全地传递,从而保证端到端的安全。

（3）采用安全邻居发现协议

在 IPv6 协议中,邻居发现协议可以实现地址变换以及无状态地址自动配置等功能。NDP 协议通过在节点之间交换 ICMPv6 信息报文和差错报文来实现路由发现、地址自动配置等功能,并且通过维护邻居可达状态来加强通信的健壮性。NDP 协议独立于传输介质,可以更方便地进行功能扩展。现在有两种机制可以实现 NDP 报文的安全:一种是现有的 IPv6 协议层加密认证机制;另一种是 IPv6 的安全邻居发现协议,它是 NDP 的一个安全扩展。安全邻居发现协议是一种独立于 IPSec 的通过加密方式实现 NDP 数据报安全的协议。

11.5.2　IPv6 网络安全优化的手段

1. 防止网络放大攻击

IPv6 协议定义了组播地址类型,而取消了 IPv4 下的广播地址,有效避免了攻击者在 IPv4 网络中利用广播地址发起广播风暴攻击。同时,ICMPv6 在设计时规定不允许向使用组播地址的数据报文回复 ICMPv6 差错消息,这样便可以阻止攻击者向组播网段发送数据报而引起网络放大攻击。

2. 防止针对 DNS 系统的攻击

作为公共密钥基础设施系统的基础,基于 IPv6 的 DNS 系统有助于抵御互联网上的身份伪装与偷窃。具有身份认证和完整性检测的 DNS 安全扩展协议的引入,能进一步增强目前针对 DNS 的新的攻击方式(如"网络钓鱼"攻击、"DNS 缓存中毒"攻击等)的防护,这些攻击会控制 DNS 服务器,将合法网站的 IP 地址篡改为假冒、恶意网站的 IP 地址。

3. 防止碎片攻击

IPv6 认为 MTU 小于 1 280 字节的数据报是非法的,所以处理时会丢弃 MTU 小于 1 280 字节的数据报(除非它是最后一个包),这有助于防止碎片攻击。

参考文献

[1] 吴建平,等. 下一代互联网[M]. 北京:电子工业出版社,2012.

[2] 格拉齐亚尼. IPv6 技术精要[M]. 北京:人民邮电出版社,2013.

[3] 杨云江,高鸿峰. IPv6 技术与应用[M]. 北京:清华大学出版社,2010.

[4] 谢希仁. 计算机网络[M]. 北京:电子工业出版社,2017.

[5] 戴维斯. 深入解析 IPv6[M]. 北京:人民邮电出版社,2014.

[6] 李清. IPv6 详解(第 1、2 卷)[M]. 北京:人民邮电出版社,2009.